海洋 探索未知事物
EXPLORATION 引领孩子走进海洋世界

SHUIMU TANMI

水母探秘

陶红亮　主编

海洋出版社

2025年·北京

图书在版编目（CIP）数据

水母探秘 / 陶红亮主编． -- 北京 ：海洋出版社，
2025. 1. -- ISBN 978-7-5210-1413-6

Ⅰ．Q959.132-49

中国国家版本馆CIP数据核字第2024PD7120号

海洋探秘

水母探秘　SHUIMU TANMI

总 策 划：刘　斌	发行部：（010）62100090
责任编辑：刘　斌	总编室：（010）62100034
责任印制：安　淼	网　　址：www.oceanpress.com.cn
整体设计：童　虎·设计室	承　印：侨友印刷（河北）有限公司
	版　次：2025年1月第1版
	2025年1月第1次印刷
出版发行：海洋出版社	
地　　址：北京市海淀区大慧寺路8号	开　本：787mm×1092mm　1/16
100081	印　张：10
经　　销：新华书店	字　数：180千字
	定　价：59.00元

本书如有印、装质量问题可与发行部调换

海洋探秘

| 顾　问 |

金翔龙　李明杰　陆儒德

| 主　编 |

陶红亮

| 副主编 |

李　伟　赵焕霞

| 编委会 |

赵焕霞　王晓旭　刘超群

杨　媛　宗　梁

| 资深设计 |

秦　颖

| 执行设计 |

秦　颖　孟祥伟

前言

在地球上，海洋总面积为3.6亿平方千米，大约占地球表面积的71%。海洋生物看似距离我们十分遥远，其实它们与人类处于同一个适宜生存的环境之下。让青少年认识海洋环境与海洋生物，保护濒临灭绝的动物和人类赖以生存的自然环境尤为必要。

本书是为青少年精心打造的海洋科普图书。书中图文并茂，语言轻松活泼，浅显易懂，可以让青少年直观地感受海洋的魅力，品味大自然的神奇。读完这套书后，人们不仅会发现每一个物种都是地球生物链中的一环，任何一个物种的缺失，都是一种无可挽回的损失，还能学会用艺术的视角看自然，用自然的胸怀看世界。

海洋中生活着很多生物，数量多到令人难以想象，其中最多的是浮游生物，常见的有水母、磷虾、蓝藻、硅藻等。

水母是一种简单而古老的生物，在海洋中生活了5亿多年，已经进化出了很多种类。有的水母非常小，如伊鲁坎吉水母，它只有几厘米长；有的水母是名副其实的"大个头"，如狮鬃水母，它得名于伞状体下那飘逸得像狮子鬃般的触手，它的顶部直径为1.5～2.5米，几乎有一辆汽车比蓝鲸还要长；还有形状奇怪的蛋黄水母、冥河水母、灯塔水母、僧帽水母和绿叶水母等。

水母分布极为广泛，从南极到北极、从浅海到深海，到处都有它们的踪迹。它们拥有着令人着迷的气质，美到令人惊叹，是海洋中的"璀璨之花"，但同时它们又是神秘而危险的……

本书将带领青少年走进水母的神秘世界。书中共有6个章节，全面透彻地介绍了水母生物学和生态学方面的知识，共包括数十种水母的档案，并附有精美的图片。每个章节按照不同的主题组织内容，配有导语、海洋万花筒、奇闻逸事、开动脑筋等栏目，介绍关于水母的一切，如水母的形态、水母的食性、水母暴发等。

本书非常适合青少年阅读，内容精彩，图片精美，其对水母分门别类地详细介绍，既能让青少年获得关于水母的科普知识，还能得到美的享受。阅读本书，犹如为青少年打开了一扇水母知识之窗。

目录
CONTENTS

Part 1 | 水母的生活史简介

2/ 栉水母的生活史

8/ 钵水母的生活史

14/ 立方水母的生活史

20/ 水螅纲的生活史

26/ 十字水母的生活史

28/ 胞内寄生水螅虫的生活史

Part 2 | 水母的形态特征

32/ 奇异的体态

38/ 秘密武器——触手

44/ 水母的消化系统及感官

Part 3 | 水母的海洋生活

52/ 水母的食性

58/ 捕食和竞争

64/ 作为猎物和食物的水母

70/ 隐身有术

76/ 水漂群落

82/ 水母的"伙伴们"

Part 4 | 奇形怪状的水母

90/ 华丽钟形水母

92/ 维多利亚多管发光水母

94/ 灯塔水母

96/ 冥河水母

98/ 狮鬃水母

100/ 煎蛋水母

Part 5 | 水母有个大家族

104/ 幽冥金黄水母

106/ 僧帽水母

CONTEN

108/ 博奈尔岛条纹箱水母

110/ 紫色绳状水母

112/ 绿叶水母

113/ 银币水母

114/ 夜光游水母

116/ 伊鲁坎吉水母

118/ 澳洲斑点水母

Part 6 | 人类与水母的关系

122/ 水母化石

128/ 人类和水母

144/ 环境变化的影响

Part 1
水母的生活史简介

水母是地球上最古老的生物之一，比恐龙的历史还要悠久，它至少存活了 6 亿年。然而，经过 6 亿年的进化，水母依然像一种简单的多细胞生物。它有着人们日常生活中极为少见的克隆、雌雄同体现象，以及多样性的生活方式等。水母的生活史不仅奇异，还令人着迷。

Part 1 水母的生活史简介

栉水母的生活史

目前，栉水母门中有150多种水母，有超过100种已经得到了描述。栉水母有的是球形、有的是椭圆形、有的是扁平形，其通体透明，身体呈中心对称的放射状，由内胚层和外胚层构成，中胶层十分发达。栉水母身上有类似"带子"一样的结构，即栉板，并因此而得名。栉板上长有很多纤毛，栉水母会利用纤毛的摆动在水中游动。在所有的水母中，栉水母有着最简单的生活史，个体会产下精子和卵子，受精卵发育成为幼体，后转化成小型成体，用不了多久就会成熟。

海洋万花筒

水母是一种身体构造简单、身份却十分复杂的动物。有些水母属于栉水母动物门，如扁栉水母和球水母等。还有些水母则属于刺胞动物门里的水母亚门，如钵水母和十字水母。

外形特征

大多数栉水母没有颜色，它们通体透明，只有几列栉板会发出斑斓的荧光，在夜间显示出浅绿色或者蓝色。栉水母体外有由栉板排列成纵形的八条纤毛带，身体呈辐射对称或者左右对称。游动时，栉板会振动。

海洋万花筒

栉水母有非常原始的构造，当有光源照射到它们身上时，栉板上的微绒毛便会将光源分解为不同波长色调的一部分，产生七色彩虹般绚丽的颜色。发光时，栉水母就变成了一个艳丽夺目的彩球。当它们游动的时候，光带随波摇曳，十分优美。

内部结构

栉水母的身体上端（反口面）有一个明显的感受器，即平衡器；在身体下端（口面）有口；栉板分布在平衡器附近与口之间。栉水母的口通咽，从咽的反口面连出复杂的管道系统，组成了消化管。在反口面，中央管有两个小孔，能将少量的废物排泄出来。消化管内壁加厚形成了生殖腺，而神经系统则较为原始。

体壁结构

栉水母有与钵水母一样的体壁结构，体壁包括内胚层和外胚层两层细胞，其中胶层含有来自外胚层的变形细胞和肌纤维，肌纤维即平滑肌，呈网状排列。体壁围成的空腔为消化腔，消化腔和口相连，食物从口进入，然后进入消化腔。

习性及繁殖

栉水母有两条充分进化的触手，能够分泌黏性物质。遇到猎物时，它会摊开自己如同蜘蛛网般的枝状触手。当猎物碰到其触手或者分枝时，就会被栉水母触手上的细胞分泌的黏液粘住，紧接着，触手会逐渐收缩，从而抓住猎物。同时，身体开始旋转，将触手卷绕于体外，等猎物靠近口时便张开口吞食。消化过程大约为1小时。所有栉水母（除一个寄生种外）都是以大量浮游生物为食的肉食性动物。

栉水母的繁殖

大多数栉水母为雌雄同体，生殖腺顺着栉水母板带的两侧发育，精巢位于一侧，而卵巢则位于另一侧。栉水母将精子和卵子注入海水中，它们在海水中结合成受精卵。受精卵发育成栉水母幼体，再发育成成体。在球栉水母目中，幼体在向成体转化的过程中变化很小，在成熟过程中形态几乎没有变化，只是简单地变大，并长出有利于有性生殖的生殖腺（精巢和卵精巢）。

海洋万花筒

栉水母是浮游动物中的一种，而浮游动物是一类经常在水中浮游，本身不能制造有机物的异养型无脊椎动物和脊索动物幼体的总称。浮游动物有很多种类，高等的有尾索动物，低等的有栉水母、甲壳动物、腹足动物、刺胞动物、轮虫等。几乎每一种类型都有永久性浮游动物的代表，其中桡足类最具代表性，其种类繁多、数量极大、分布广泛。

Part 1 水母的生活史简介

物种分类

目前，已知的栉水母大约有150种，尚未被命名的有40~50种。有一类被称作"侧腕水母"的栉水母，它们有很长的触手，并以捕食桡足类等小生物为生；有一些栉水母的外观像一架双翼飞机，游动时如同飞机喷洒农药一样。它们的短触手顺着嘴部分布，捉住附近的小生物并吞入口中。还有一些栉水母的触手已经进化成锯齿状，甚至还有一些寄生种类。大多数栉水母的体型较小，但有一种爱神带水母的触手可长达1米以上。

海洋万花筒

栉水母既有奇特的外形，还有独特的进化史，可以用"外星生物"来形容。事实上，栉水母没有大脑，只有神经系统。其神经系统十分发达，由一些异乎寻常的化学物质构成。从这方面来看，栉水母不同于其他动物。

开动脑筋

1. 描述一下栉水母的外形。
2. 栉水母有大脑吗？
3. 栉水母具有什么样的研究价值？

参考答案：
1. 栉水母大多没有颜色，身体透明，只有几个排列成日线的彩虹色条纹。
2. 栉水母没有大脑。
3. 栉水母的身体构造不同于其他水母，是科学家研究其基因构造，就像人类研究真的外星人一样。

研究价值

《英国生物医学杂志》曾发表文章称，通过对栉水母的基因研究发现，其发光的原因在于体内有10种发光蛋白，即能监测光的视蛋白，目前其作用机理尚不明确。这是科学家第一次对生物性发光动物展开的基因测序。由于栉水母几乎位于动物生命树的底端，这些研究说明多细胞生物的发光蛋白以及传感蛋白的进化时间相同。也许正是这样的蛋白，使其感光分子更具多样性，如我们人类眼睛中的视杆和视锥。

海洋万花筒

美国佛罗里达大学做了一项研究后发现，在神经复杂性上，栉水母有区别于其他动物的路径。该研究的负责人莫罗兹在《自然》杂志上提到他们已经解码了10种栉水母的基因蓝图，并在文章中描绘了一个令人惊奇的发现，在一次显而易见的进化中，栉水母长出了更为复杂的器官，以及肌肉、神经元等，其行为方式也变得复杂起来。这一发现让人们重新对栉水母进行了分类。

Part 1 水母的生活史简介

钵水母的生活史

钵水母是最典型的水母，其成员常常被称为"真水母"。在水母体类群中，其生活史可能是最简单的。钵水母的生活史包括营固着生活的水螅体世代和营浮游生活的水母体世代。钵水母遍布各大洋，生活在热带、亚热带大陆架浅海区，特别是热带海区分布较多。

主要特征

钵水母的体型较大，伞缘直径一般为2～40厘米，其触手长达十多米。通体透明，局部呈橘红色或者粉红色，它有非常发达的中胶层，由蛋白质、黏多糖和胶原纤维构成。由于中胶层具有调节离子浓度的作用，使其能够在海水中悬浮。通过环行肌肉和纵行的肌纤维的收缩，钵水母就能运动起来。

世代交替现象

大部分钵水母有世代交替现象，分为水母体世代和水螅体世代，这两种世代有规律出现的现象叫作世代交替。通常，成熟的钵水母个体先进行有性生殖，生成浮浪幼虫，随后浮浪幼虫转变为水螅体。在一定的条件下，水螅体再释放出小水母，一个完整的生活史由此形成。

海洋万花筒

每一个水母体都属于同一批克隆个体，其中包括雄性和雌性两种性别。水母体的主要作用是进行有性生殖。当雌雄水母体交配后，就会产生一种称为"浮游子"的微小幼体，它们具有漂浮和扩散的能力。就像成熟的水果从树上掉落，把种子带到新的地方一样，浮游子也会随流而去，在合适的环境下附着生根，从而建立新的水母种群。

感觉器官为触手囊

钵水母身体包括上伞面和下伞面，伞的边缘有一圈触手。如果种不同，触手的数量也会不同。触手长短不一，有的是空心的，有的是实心的，还有极少数水母是没有触手的。钵水母的感觉器官位于伞的边缘，即触手囊。触手囊通常呈杯状，数目为4或4的倍数。触手囊结构比较复杂，上面分布着很多神经，具有感光的作用。

海洋探秘系列 水母探秘

Part 1 水母的生活史简介

钵水母的生殖腺

　　钵水母是雌雄异体，生殖腺产生于内胚层，位于胃囊内。最原始的钵水母有 8 个生殖腺，位于隔板的两侧。而对无隔板的钵水母而言，其生殖腺有 4 个。雌雄两种水母将精子、卵子排到海水中受精，有的在口腕处结合成受精卵。受精卵会发育成浮浪幼虫，这是钵水母生命周期中真正的幼体阶段。这些幼体呈螺旋状自由游动几天，直到找到合适的岩石，然后固定下来，发育成水螅型幼虫，为钵口幼体，然后从顶端到基部进行无性生殖，这时为横裂体。横裂体会由顶端开始，逐渐脱离母体，幼年的水母型体由此形成，即碟状幼体。

　　幼年的水母体会不停地进食，有非常好的胃口，因此生长得非常快，有的能在短短几个月内就长到垃圾桶盖那么大。

刺细胞

　　钵水母的刺细胞是一种已经特化的上皮肌肉细胞，核位于基部，从体表伸出的刺针位于顶端，在光显微镜下观察，与鞭毛十分相似。刺细胞内有一个刺丝囊，囊内有细长盘卷的刺丝。当受到刺激时，刺细胞排出刺丝囊，刺丝囊内的刺丝外翻出来，以此来捕食或者防卫。

钵水母的消化系统

钵水母有十分复杂的胃循环腔,对原始的种类而言,口与中央的胃腔相通,胃腔向外延伸,形成4个有隔板的胃囊,并且隔板上有小孔,有利于胃囊之间液体的循环流动。

钵水母是肉食性动物,主要吃浮游生物和小的甲壳生物。它们先用触手对水中微小的浮游生物进行过滤,在纤毛的作用下,捕获物进入口及胃腔,被胃丝上的刺细胞杀死,胃丝上的腺细胞分泌消化酶来消化食物。消化的营养物由胃腔从辐管进入环管,而没有消化的食物残渣则依次经过正辐管、间辐管、胃腔及口,排出体外。

Part 1 水母的生活史简介

海洋探秘系列 水母探秘

开动脑筋

1. 钵水母为什么能预测风暴?
2. 钵水母的感觉器官是平衡囊还是触手囊?
3. 钵水母和栉水母的繁殖区别是什么?

风暴预测

有时在水平如镜的海面,我们能看到钵水母聚集或者成群结队地游动,如果是经验丰富的渔民和海员,这时会意识到暴风雨即将来临,原因是空气中的气流及海浪的摩擦能产生一种次声波,人类察觉不到,而钵水母却能察觉到,并做好迎接暴风雨的准备。因此,一些钵水母被当作能够预测风暴的生物。仿生学家同样利用其触手囊结构研制出了风暴预测器,在风暴来临前十几个小时就能预测到,从而为航海者提供宝贵的信息。

12

致毒方式

有毒钵水母的致毒方式属于创伤中毒类型。这是刺胞动物共有的一种防卫和攻击方式,是由这类动物特有的刺细胞里一个特殊细胞器——刺丝囊,弹射出有毒刺丝蜇破人体皮肤而致毒。由于刺丝囊有双层壁,较厚,水不能渗透,囊内渗透压可高达140个大气压。

当刺细胞受到外部刺激(机械、化学或生物)触动触发器,水渗透入内,产生强大的水压,将刺丝囊内的刺丝弹出,弹射速度高达2米/秒,所产生的力量不仅可以射穿小型甲壳动物的角质层,而且还能射穿人体皮肤,深至真皮层,释放出毒液使被袭击者致毒。

神经感官系统

钵水母的神经结构具有突触传递的作用,其由外胚层形成。钵水母的神经细胞十分集中,形成4个或8个神经节,位于伞缘的触手囊中,其中包含了起搏点神经元,它支配着钵水母的肌肉收缩运动。如果切去全部神经节,钵水母就会失去搏动的能力;如果切去部分神经节,甚至只留下一个神经节,钵水母仍能做有节奏的收缩运动。钵水母伞缘的触手囊是其感觉中心,具备化学感受、重力感受和光感受功能,触手囊的末端具有内胚层分泌的钙质颗粒,也就是平衡石。其触手囊的感受能力较为敏锐,能感受到次声波。

海洋探秘系列 水母探秘

Part 1 水母的生活史简介

立方水母的生活史

立方水母又称为方水母、箱形水母，它们是刺胞动物门、立方水母纲的成员。在生活史方面，它们与许多其他纲的水母类似，拥有固定的水螅体阶段和自由游动的水母体阶段，但它们在其他很多方面是独一无二的。到目前为止，立方水母是进化程度最高的水母。

外形特征

立方水母有4个面，伞部呈立方形，触手基部膨大，称为基垫或基板。触手上分布着约5000个刺细胞，可以随时喷射毒液。它们在水中呈半透明状态，让人很难察觉。

运动方式

立方水母身体中的重要成分是水，有一个内胚层和一个外胚层，两层之间是中胶层。中胶层是透明的，可以起到漂浮的作用。运动的时候，它经常会用喷水的方式进行反射前进，速度可达每小时10千米。从远处看，如同一把撑开的伞在水中漂浮。立方水母常常会成群地在大海中行动，场面十分震撼。它的身体能够释放出一氧化碳，当危险来临时，会释放掉自己身体里的气体，然后缓慢地沉入海底。

海洋万花筒

立方水母中的剧毒代表有澳大利亚箱形水母、伊鲁坎吉水母和疣灯水母。

澳大利亚箱形水母：伞体呈立体箱形状，4条触手十分粗壮。它的毒性大于眼镜蛇，被它蜇到后，人会在几分钟内丧命。

伊鲁坎吉水母：像珠子串起来的触手有很强的伸缩性，长时可达1米，短时只有5厘米。其毒性较强，并且有潜伏期。

疣灯水母：是立方水母中最小的，全身透明，但分布着黄色的疙瘩，4条触手上有很奇特的环。

Part 1 水母的生活史简介

立方水母的繁殖

　　立方水母在水母体阶段时的性别是独立的，未发现雌雄同体的情况。大部分物种将精子和卵子注入水中，结合成受精卵。但在少数物种中，雌性立方水母将卵子保留在体内，受精过程发生在身体内部。

　　立方水母的浮浪幼体在纤毛的作用下呈螺旋式游动，粗端在前面，游动2～3天后，它会固定在河流入海的礁石处，在这里转化为水螅体。然后，水螅体开始进行无性生殖，分化成大量的小水螅。

海洋万花筒

　　立方水母是最早一批进化出眼睛的动物。立方水母有24只眼睛，位于管状身体顶端的杯状体上，能够感知光线的变化，并且差不多能看到360度范围内的环境，因此，立方水母可以在海洋中精准地躲开障碍物。

立方水母的发育

　　立方水母的一个水螅体只生成一只水母，这是它与其他种类的水母最大的区别，也是该种类水母毒性强的原因。专家们经过计算后发现，立方水母的新生水母每天可以长 1 毫米，有较快的新陈代谢速度，并且立方水母会自主游动，时速可达 10 千米。当长到 5～6 厘米时，立方水母就已经成熟了。其毒性越来越强，并具备捕食鱼类的本领。

澳大利亚箱形水母

　　澳大利亚箱形水母又称海黄蜂，是毒性最强的一种立方水母，同时也是世界上已知的、对人类毒性最强的生物。它在水中呈半透明状，游动速度很快，大多数生活在澳大利亚东北沿海水域。如果人不幸被蜇伤，半分钟后就会丧命。在澳大利亚昆士兰州沿海，在 25 年时间内，葬身于鲨鱼之腹的只有 13 人，但由于澳大利亚箱形水母而丧命的多达 60 人。

海洋探秘系列 水母探秘

Part 1 水母的生活史简介

立方水母的身体构造

立方水母有箱子般的外形，呈蓝色透明状，其 4 个面很显眼，有些种类的每个面有 20 多厘米长，触手最长达 4.57 米，多达 60 条，上面分布着几十亿根毒针和毒囊。如果一只立方水母完全释放身体的毒素，能毒死 60 个成年人。

奇闻逸事

澳大利亚的某个海产品罐头加工厂，曾经在某天生产时，其中的一个罐头里混入了大约 1 厘米长的澳大利亚箱形水母的触手。虽然经过了高温烹煮，但其食用者很快就出现了中毒的症状。在被送往医院后，医院用尽了各种解毒方法，但依然没能挽回这个人的性命。他在进入医院 2 小时后被医生宣布死亡。这件事情在当时引起了澳大利亚政府的极大关注，派出了两名优秀的海洋生物研究员到海洋中寻找这种水母，不幸的是，其中一名研究员的脚部仅仅被澳大利亚箱形水母蜇了一下，在同事将其拉到小艇之前就已经死亡了。

五毒俱全

地球上有毒的动物的毒素差不多都是特化单一的。例如，毒蜘蛛的毒素只破坏皮肤组织，蝎子的毒素只攻击神经系统。但要解立方水母的毒十分困难，并且其毒素多种多样。其作用机理是：立方水母的刺细胞收到信号后会打开刺胞盖，快速地将刺丝发射出去，扎入猎物的身体中。由于刺丝上面有形状各异的倒刺，一旦进入猎物的身体中，就相当于"扎根"了。刺丝攻击的速度如同发射的子弹一样快，无论是哪种引起刺细胞内外溶液盐浓度平衡的举措，都会导致其释放更多的毒素。

1.立方水母有两只眼睛的加成，2.澳大利亚箱形水母是世界上亡命的，入门八类最强悍最凶猛的生物

奇闻逸事

澳大利亚、美国、英国、法国等19个国家的科学家评选出10种"世界毒王"，分别是：（1）澳大利亚箱形水母；（2）澳洲艾基特林海蛇；（3）澳洲蓝环章鱼；（4）毒鲉；（5）巴勒斯坦毒蝎；（6）澳大利亚漏斗形蜘蛛；（7）澳洲泰斑蛇；（8）澳洲褐色网状蛇；（9）眼镜王蛇；（10）非洲黑色莽巴蛇。

开动脑筋

1. 立方水母有眼睛吗？
2. 澳大利亚箱形水母在"世界毒王"中排名第几？

海洋探秘系列 水母探秘

Part 1 水母的生活史简介

水螅纲的生活史

水螅纲是一个非常多样的生物类群，不仅有单体形态，还有群体形态。一些物种同时拥有水螅体阶段和水母体阶段，而另外一些物种只具有其中的一种形态。其种类有3000多种，并且分布极为广泛，一些生活在浅水中，还有一些生活在深海中。

主要特征

（1）两胚层动物，为辐射对称或两辐射对称。
（2）结构简单，只有消化循环腔，无肛门。
（3）生活史多数有水螅体与水母体。
（4）有无性生殖和有性生殖两种生殖方式。
（5）发育有浮浪幼虫期。
（6）有网状神经系统。

水螅纲动物分类

水螅纲动物主要包括3类：第一类是传统水螅类，其数量最多，并为人们所熟知；第二类是硬水母亚纲，一般情况下没有水螅体，还包括一些极为少见的物种；第三类是管水母，目前属于软水母亚纲、管水母目。

海洋万花筒

筒螅又称筒虫，属于刺胞动物门、水螅纲。其集体生活在浅海岩石间或者分布在海藻上。身体分圆筒部和茎部；口部位于圆筒部上面的中央部位，口缘处环生二列触手；茎部又细又长，有角质薄管。既可进行无性生殖，也可进行有性生殖。

海洋探秘系列 水母探秘

Part 1 水母的生活史简介

水螅群体

螅根：如同植物的根部，群体基部附着在其他物体上的匍匐部分。

螅茎：直立的茎，垂直于螅根方向，水螅体和子茎（生殖体）会从螅茎中分化出来。

水螅体：提供营养，有与水螅差不多的构造，有实心的触手以及口，相对于水螅来说，垂唇稍大、稍长。

生殖体：只有一中空的子茎，透明的瓶状鞘围绕在子茎的周围，即生殖鞘。生殖体能进行克隆，营养主要来自水螅体。

共肉：群体的消化循环腔是相通的。群体中任何一个水螅体捕获猎物获取营养后，都由消化循环腔输送给其他部分。消化循环腔，即共肉腔。

生殖方式

在水螅纲中，水螅为雌雄异体。当卵巢里的卵成熟时，卵巢便破裂开，卵露了出来。而精巢内形成大量的精子，精子成熟后，从精巢中游出来，靠近卵子，并与之受精。受精卵分裂后通过分层的方式形成实心原肠胚。围绕胚胎分泌一壳，从母体上脱落下来后便沉入水底，等春季或者生存环境好转时，胚胎就发育好了。壳破裂开，胚胎逸出，发育成小水螅。

除了有性生殖外，水螅还有一种无性生殖方式，即出芽生殖，通过克隆的方式来制造自身的复制品。

海洋探秘系列 水母探秘

Part 1 水母的生活史简介

> **开动脑筋**
> 1. 水螅纲有什么样的特征?
> 2. 水螅群体的形成方式有哪些?

参考答案
1. 水螅纲属于，有圆水螅体和被水螅体等
2. 树枝型、羽枝型、掌状型和球状型等

单体与群体

大多数的水螅会形成群体，而少数水螅为单体。水螅体型都不大，常常会附着在岩石、贝壳、船体、海藻上，形成类似小植物丛般的一片。例如，单体有简螅，而群体的薮枝螅，整体呈树枝状，基部的螅根附着在其他物体上，螅茎分枝，每枝的尾端有一个螅体，口部周围有能够捕猎的触手。螅茎分枝的腋间长有长棒状的生殖体，成熟后，能够通过无性生殖的方式产生水母体。水母体有雌性和雄性，通过有性生殖，形成受精卵，受精卵发育成浮浪幼虫。全球海域的水螅水母大约有 450 种，而我国已经发现了 170 种。

24

世代退化

大部分种类的水螅纲动物不产生自由游动的水母体，其水母体会一直附着在亲本水螅群体上形成水母芽。换句话说，其水母体世代会出现一定程度的退化。例如，遍枝螅和筒螅一直分布在营养体的垂唇上，贝螅的水母芽始终附着在独立的螅茎上。这些水母芽出现了退化的现象，它们没有口、胃腔、触手，身体不再呈伞状。最后，水母芽退化成囊状体，水母形态不复存在。

水螅群体形成方式

水螅群体形成的方式有4种：

螅根型：芽体产生于螅根处，然后直立生长，一个芽体对应一个螅体。多见于贝螅这种原始种类。

单轴型：群体的生长带位于首个螅体的基部，所以首个螅体的茎能够一直向前延伸。当螅茎向前延伸时，新的螅体从侧芽那里长出来，而新的螅体的基部同样带有生长带，它也会一直向前延伸，在生长的过程中，新的侧芽又一次形成，这个过程重复下去，群体就会形成。主轴是由首个螅体形成的，并且个体越老，就越处于主轴的顶端，如真枝螅。

假单轴型：首个螅体的基部不带有生长带，所以不能延伸，它是通过出芽的方式来生殖，侧芽生殖出来后也不延伸，而是再次通过出芽的方式产生新的侧芽。因此，群体的主轴是由很多螅体的茎联合组成。个体越老，离群体基部就越近，如半真菌属。

复合型：假单轴型和单轴型复合模式。螅茎及侧枝的末端是生长点，能够一直向前延伸，其芽枝及螅体通过出芽的方式从侧面长出来，每个侧枝来自一侧的生长点。这种复合型群体形成方式多见于海榧这种较为高等的有围鞘的被芽类群体。

Part 1 水母的生活史简介

海洋探秘系列 水母探秘

十字水母的生活史

十字水母纲里大约有 50 种水母。和钵水母不同，十字水母的体型通常比较小，长度只有几厘米甚至几毫米。那么，它们的外形有什么特点呢？

十字水母的外形特点

十字水母的外形像一个香槟酒杯，它们的身体五颜六色，有精致美丽的外表。十字水母身上的色彩并不是用来炫耀的，而是保护自己的手段，使它们能在绿色或者红色的海藻丛中伪装自己。这类水母一般有 8 条触腕，像星星的角一样围绕在它们身边。触腕的末端还有一个小球，用来捕食猎物，也可以防御其他猎食者的袭击。

生活方式

有些水母能够在水里自由地游泳,十字水母则比较安静,许多种类的十字水母都趴在海底的岩石或者海藻中不怎么动。从这种生活方式来看,十字水母更像是海葵或者珊瑚,而不符合人们印象中的动物形象。十字水母繁殖的方式也有自己的特点。有些水母,如钵水母,繁殖时需要先经历一个叫作横裂的过程。横裂是一个水母克隆自己的过程,也是水螅体在生成水母幼体之前进行横裂产生多个碟状幼体的过程。许多十字水母直接省略了这个过程,它们的幼体直接就能发育为成体。

海洋万花筒

十字水母的身体结构和其他水母有所不同。其他水母在小时候并不具备成年水母的伞状或者钟状结构,而是呈一种像是撑开的伞柄的形态,这就是水螅体的样子。大多数其他水母成年后,会和童年时的水螅体形态上下颠倒。但十字水母不会出现这种现象,它们成年后和幼年时的水螅体形态一样。

Part 1 水母的生活史简介

胞内寄生水螅虫的生活史

　　胞内寄生水螅虫纲也是水母的一种。它属于刺胞动物门、水母亚门中的一类，和钵水母纲、立方水母纲、十字水母纲和水螅纲一起组成了水母亚门这个庞大的水母分支。其他水母纲下大多有许多种水母类型，可在胞内寄生水螅虫纲中却只有一种，这就是胞内寄生水螅虫。

水母中的"异类"

　　胞内寄生水螅虫寄生在雌鲟鱼的卵细胞里，所以也被称作鲟卵螅。鲟卵螅虽然是一种水母，但它和人们印象中那种顶着一把大伞或者一口大钟在水中浮游的水母不同，鲟卵螅成年后靠自己的脚爬行。因此，从外形上看，它更像是一种很小的爬虫，而不是什么水母。此外，幼鲟卵螅为了方便吸取环境中的营养，会把自己的内脏露在身体外面，而把自己的体表放在身体内。这样内外颠倒的生长方式堪称水母中的"异类"。

成长过程

鲟卵螅的成长过程可以分为两个阶段：寄生生活阶段和自由生活阶段。鲟卵螅的"卵"寄生在雌鲟鱼的卵细胞内部后，就开始了一系列变化。原本用来发育内脏的那部分细胞层，从内部转移到了外部，最终让它们的内脏长在了身体外。原本应该是体表的部分则长在了体内。

小小的鲟卵螅，也就是水母的幼体浮浪幼虫，就在这种"内外颠倒"的状态下长大。雌鲟鱼排卵时，它们也跟着卵细胞被排出体外。这时，鲟卵螅再次把内脏翻回体内，而把触手等体表器官翻出身体，让它们回到自己应该待着的位置上。此后，鲟卵螅用自己的触手，刺破自己原来的家——鲟鱼的卵细胞，来到了水里生活。

海洋万花筒

鲟卵螅和其他水母的外形区别那么大，为什么科学家们认为它是一种水母呢？这是因为鲟卵螅的基因和另一类水母有很近的亲缘关系。这类水母是水母亚门里的水螅纲中的软水母目。所以，鲟卵螅就成了水母大家族里的一员。

Part 2
水母的形态特征

水母十分漂亮，它的外形如同一把透明的伞，伞状体直径大小不一，有的可达 2 米。伞状体边缘长着一些长达 20～30 米的触手。水是水母身体的主要成分，通常情况下，如果水母有 100 千克重，挤掉水后，其本身的体重只有 5 千克左右。水母由内外两个胚层构成，两个胚层中间有很厚的中胶层，具有漂浮的作用。

海洋探秘系列 水母探秘

Part 2 水母的形态特征

奇异的体态

　　水母有两种基本形态，即水螅体和水母体。一些种类在它们的一生中会在这两种形态之间进行转换。人们常常根据水母的伞状体的特点来给水母命名，有的伞状体散发着彩霞般的光，称为霞水母；有的伞状体能够散发出银色的光，称为银水母；有的伞状体像出家修行的僧侣的帽子，称为僧帽水母；有的伞状体像船上的白帆，称为帆水母；还有的伞状体像雨伞，称为雨伞水母。

结构特点

大多数水母的体型大，通常情况下，伞缘直径为 2 ～ 40 厘米。不同种类的水母，其伞状体的形状也不同，有碟形、锥形、半圆形、盘形等。由于体内的胃囊或者生殖腺具有一定的色泽，导致水母透明的身体局部出现橘红色或者粉红色等。身体有上伞面和下伞面的区别，没有缘膜，伞状体的边缘有一圈触手。

水母的触手有长有短，既有实心的也有空心的，极少数水母是没有触手的。伞状体边缘分布着感觉器官，下伞中央的垂唇末端向前延伸，口腕由此形成。

口腕能够捕获猎物，上面分布着细小的吸口。而刺细胞则分布在触手、口腕、垂唇和伞状体的外表面。

Part 2 水母的形态特征

立方水母

　　立方水母的伞部呈立方形，伞缘呈四边形，间辐区的一条或者数条触手从伞缘延伸出来。位于基部的触手会形成足叶，8个触手囊分布在正辐和间辐区的伞缘上。下伞面朝内伸出，假缘膜由此形成，有边缘神经环，和触手囊连接。大多数立方水母分布在亚热带和热带的浅海，只有一小部分在辽阔的大洋中营漂浮生活。

海洋万花筒

　　在深海中，缘叶水母可以称作红色杀手，它们会用触手将猎物抓住，然后将其吃掉。在受到刺激的时候，缘叶水母会先散发出强烈的光芒，然后留下蓝色的活体光，以此来吸引准备抓捕它的生物的注意力，再趁机逃走。

冠水母目

冠水母目的水母的伞状体呈锥形、圆屋顶形、扁平形，一个紧缩沟分布在外伞中部，将伞分为上部分和下部分，与此同时，胃囊也被分为上、下两部分。紧缩沟下有一圈厚的足叶，触手位于下端，触手囊分布在伞缘上，大多数冠水母生活在深海中，如缘叶水母。

十字水母

十字水母的身体呈喇叭状，顶端长着8只腕，每只腕上有一簇末端带小球的触手，细长的柄状身体向下通向有黏性的足。十字水母是底栖生物，没有浮游水母体阶段。其浮浪幼体是分节的，胚层细胞一共有16个，没有纤毛，依靠扩张和收缩动作来爬行。

Part 2 海洋探秘系列 水母探秘
水母的形态特征

旗口水母目

　　旗口水母目是人们所熟悉的一个目，该目中的水母的伞状体有碟状、腕状，伞缘有8个或者8个以上的缺刻。不同种类的触手的形状、数目和分布各不相同。有口腕，口腕中有纤毛沟，复杂的辐射管会从胃囊中延伸出来，有的有环管，有的没有环管。大部分生活在沿海，常见的种类包括霞水母、游水母和海月水母。

根口水母目

　　根口水母目中的水母的伞缘没有触手，口腕愈合，口封闭，有大量小的吸口。在早期发育中，其口正常，有口叶4个，口叶在生长的过程中进行分枝，长成8只口腕，口腕再分枝，口腕中的纤毛沟愈合，小管和吸口由此形成。吸口、小管与胃腔相通，胃腔中有辐射管和触手囊。常见的种类有海蜇。海蜇中富含维生素B，是一种名贵食品，盛产于中国黄海、东海、南海等地区。

开动脑筋

1. 水母有哪几个部分？
2. 水母的形状都有哪些？
3. 你喜欢哪些水母？说出原因。

参考答案
1. 伞状体、触手和口腕等。
2. 伞状体、钟状、圆盘状、圆顶状、蘑菇和蝶状等。
3. 提示：根据各选水母的特征之一，回答出为什么自己喜欢该水母即可。

🔬 海洋万花筒

因水母的形态美丽，有人便想在家里养殖，这其实是可以实现的，可以用水族箱养殖。水族箱养殖水母的步骤为：

（1）挑选毒性小的水母。

（2）海水养殖：水母是海洋生物，所以需要用海水来进行养殖，差不多一周换一次水，要缓慢加水，避免碰到水母。

（3）专业的设备：专门为水母设计的水族箱，如果是特殊的品种，一定要控制好水流。

（4）温度：水族箱里要摆放恒温器，确保水温维持在25℃左右。

（5）喂食：水母对食物有较高的要求，最爱食用丰年虾、卤虫等浮游生物，同时要控制好喂食的次数和分量。

（6）光源：水母补充能量的关键因素之一是光，大多数专业的水母养殖水族箱内都有珊瑚蓝灯。

Part 2 水母的形态特征

秘密武器——触手

触手是能够自由伸长和收缩的突起物，存在于很多动物的身体前端或者口端等。它是生物体上被称为触角、触须的器官，作用是攫取物体，传感外界环境的变化。多见于软体动物，其柔软而细长，数量从几条到无法计算。多数触手上分布着触觉感受器和化学感受器。水螅体的触手位于垂唇的附近或口边，有的物种两处都有；水母体的触手位于伞缘或者伞缘的上方。

海洋万花筒

有的水母有很长的触手，能与一头鲸的体长媲美。水母在海洋中游动时非常优美，又细又长的触手和漂亮的透明伞结合在一起，使水母看上去像在翩翩起舞。虽然水母的体型很大，但它们的游泳能力却丝毫没有受到影响。

水母触手的作用

栉水母的一对触手来自触手鞘。由于这些触手依靠自身的伸缩、黏细胞、卷缠刺丝囊和黏性刺丝囊来摄取食物，因此有捕腕或者捕丝的说法。有的触手有穿刺丝囊，具有保护自己的功能。水螅体的触手包括空触手、实触手、有头触手和丝状触手等。其触手不仅是感觉、捕食器官，还是至关重要的呼吸器官。

水母触手的形态

大部分水母的感官、触手和辐管都为四辐对称。刺胞动物最关键的结构之一就是触手。触手一般有两种形态：一种呈头状，刺细胞分布在触手端部，看上去像一顶帽子；另外一种呈丝状，刺细胞顺着触手全长呈环状或瘤状分布。触手的结构、数目等会随着物种的不同而不同。有时候，由于胃腔的延伸，触手变得中空；有时候，由于充满胃腔细胞了，触手变成了实心结构。水母越老，触手的数量就会越多，触手的基部也就越膨大，这是由于刺细胞和感觉细胞聚集在一起了。

Part 2 水母的形态特征

海洋探秘系列 水母探秘

先知器官——耳朵

　　一个小球位于水母触手中央的细柄上，小球里面有一颗小听石，那是水母的先知器官，即耳朵。海浪和空气摩擦时会产生一种次声波，次声波使听石产生振动，附近的神经感受器就会受到刺激，因此，在暴风雨来临前的十几小时，水母就能察觉到，从而提前逃走。

海洋万花筒

　　根据水母耳朵的结构和功能，仿生专家设计出一种"水母耳风暴预测仪"，十分精准地对水母感受次声波的器官，即它的耳朵进行了模仿。仿生专家把这种仪器放在船舰的前甲板上，当风暴到来时，通常会360度旋转的喇叭便不再旋转，并且指向风暴到来的方向，同时显示出风暴的强度。这种预测仪能够在风暴到来前15小时内做出反应，在航海和渔业的安全方面有极其重要的意义。

40

水母的生物光

　　有些水母不仅会变换颜色，还会在水中散发光芒。一些物种会发出微弱的蓝紫色光或者淡绿色光，有的还带有彩虹般的光晕，当它们在海洋中游动时，会变成一个绚丽多姿的彩色球。这是因为水母的躯体上有特殊的发光器官，受到刺激时就会分泌一种叫埃奎明（水母素）的特殊蛋白质。它和钙离子结合时会发出耀眼的光芒。在水母体内，这种蛋白质的量越多，发出的光就越强烈。例如，栉水母身上的发光器官是"栉列"，能时刻散发绚丽多彩的光芒。

Part 2 水母的形态特征

运动时器官的结合

　　水母既没有心脏，也没有骨骼、鳃等。普通水母的伞状体长20～30厘米。水母运动时会利用体内喷水反射前进，它表皮上的肌肉纤维控制着内腔，当内腔扩张时，水就会慢慢流入；当内腔收缩时，水就会被挤出来。通过水流挤出喷射时所产生的推动力，水母就能顺着身体轴向游动了；当水母想要下沉时，其触手就会发挥作用，向上伸展。想要上升时，就向下伸展触手。也就是说，水母想要朝某一方向运动，触手就会向远端逆向弯曲；水母的伞状体上有一种腺，能够产生一氧化碳，伞状体就会膨大起来，从而漂浮在海面上。当遇到强风暴或者敌人时，水母会自动释放出一氧化碳，从而沉入海底。除此之外，一些水母的伞状体顶部有气囊，气囊里的气体量也能改变水母的运动方向。

北极霞水母

　　北极霞水母生活在大西洋中，它是世界上最长的动物之一，伞盖直径最大为 5 米，最小为 2 米，伞缘下长着 8 组触手，1 组大约有 150 条，每条触手的长度为 40 多米，并且能够快速收缩，在 1 秒的时间内能收缩到几米长。触手上长有刺细胞，当全部触手伸展开，如同布下一张面积达 500 平方米的大网。即使再凶猛的猎物，只要进入网中，也只有死路一条。

开动脑筋

　　1. 试着列举水母运动时需哪些器官的配合。
　　2. 水母身体上的哪个器官被人类用来预测风暴？
　　3. 水母的触手有毒吗？

海洋万花筒

　　虽然水母看上去很美丽，给人一种温顺的感觉，但事实上，它们非常凶猛。伞状体下面那些长长的触手不仅是它们的消化器官，也是它们对付猎物、敌人的武器。触手上面布满了如同毒丝般的刺细胞，猎物被蜇后会中毒，很快就会死亡。触手抓住猎物后收缩回来，送到伞状体下面的息肉前。息肉分泌出酵素，从而分解掉食物体内的蛋白质。

43

Part 2 水母的形态特征

水母的消化系统及感官

任何生物都是从食物中获取营养的，水母也不例外，可我们看到水母的样子，很难想象它们是怎样进食的，又是怎样消化的。其实水母也有独特的消化方式，它们的消化过程基本上分成3个独立的阶段：将其他动物或植物的身体全部或部分作为食物摄入、消化（提取和吸收营养），以及废物的排泄。

刺胞动物门水母的消化系统

刺胞动物门中的水螅纲的水母体的口既是进食的通道，也是排泄的通道，称为垂唇。有些物种的垂唇非常短，甚至只是简单的一个洞。胃被称为原腔，只是一个简单的开口空腔。在某些水螅纲水母的群体中，胃是一个管状物体，连接着口和身体，又或者是口下身体内的一个宽阔的空腔。某些物种通过触手基部的孔来排泄身体里的废物。

在水螅纲的水母中，管水母是知名度比较高，也比较特别的一种水母。管水母是一个由许多个体组成的群体。在这个群体中，每个单独个体都有自己的胃和口，因此，当管水母捕食一条鱼时，人们会看到许多嘴围在鱼的身体周围，紧紧地包裹住这条鱼。人们常常陷入疑惑，它们是在争夺这条鱼，还是在互相协助，想要捕获这条鱼呢？吃完食物之后，管水母会通过连通彼此的身体网络，消化这些食物，并且把营养输送给躯体里各个成员。

Part 2 水母的形态特征

海洋探秘系列 水母探秘

栉水母的消化系统

栉水母的消化系统相对于刺胞动物门的水母来说要高级许多，因为栉水母拥有更加完善、与人类相似的贯通式肠胃，摄食和排泄的孔口都是独立的。食物进口，落入巨大的咽中，然后在漏斗管中的胃里消化，产生的废物从位于中央的平衡囊和神经节两侧的一对肛门孔排出。

海洋万花筒

水母的消化系统很简单，基本上包括进食口、消化胃、营养分配辐水管和排泄口，也就是说，水母的口是可进可出的，食物和废物都是通过口来实行转换的。在钵水母中，辐水管数量很多且分叉；在水螅纲水母中，辐水管数量少而短。箱水母的辐水管常常局限在它们的拟缘膜中，而拟缘膜又是从体腔边缘伸出并将钟状体开口收窄的膜状组织。

水母的感官

水母的感官结构差异很大，有的微不足道，有的华丽复杂。水母平时最依赖的就是负责调节搏动并将各种信号发送到全身各部位的神经系统，以及帮助它们在海水中维持方向的平衡结构及感光结构。根据研究证明，有些水母有感觉到振动和色彩的能力，甚至能察觉微妙的温度及化学变化。

刺胞动物的感官结构

水螅纲水母拥有弥散式网状神经网络。管水母似乎只有平衡结构或者感光结构中的一种，而水螅纲水母常常两者都有。水母的平衡结构被称为平衡囊，每个平衡囊中都有一个和神经相连的封闭小袋，里面有数量众多的小颗粒，当这些小颗粒在小袋中移动时，就会刺激不同的神经，发送相关物体的朝向信息。有些水螅纲水母还有红色、黑色或棕色的眼点感光结构，这是一种能感知光明和黑暗的结构。平衡囊位于触手之间的钟状体边缘，而眼点则通常在触手基部。

钵水母、立方水母和十字水母体内拥有一个被分割成4个胃囊的开口腔。它们和水螅纲水母一样，食物和废物都是从口中通过，一系列管状网络起到循环系统的作用。大多数钵水母拥有一张位于中央的口，而根口水母则拥有无数微小的口，每一张口的周围都有微小的触手通向胃系统。大多数的钵水母都是通过口来捕食的，将捕获的食物送到口边。如果食物对于胃来说太大了，它们还可以通过口进行体外消化，采用这样的方式进食，一整条鱼需要两三周的时间才能吃完。

Part 2 水母的形态特征

开动脑筋

1. 说说刺胞动物门水母的消化系统的特点。

2. 栉水母的感官结构有什么特点？

参考答案

1. 刺胞动物门水母的口既是进食通道，又是排泄通道。
2. 没有头，仅少数分化出初步的感光器官。

48

栉水母的感官结构

栉水母拥有半中枢神经系统，准确地说是没有头，只有一个控制身体的神经点。它位于远离口的身体另一端，包含一个平衡囊。栉水母似乎缺少任何形式的感光结构。

海洋万花筒

立方水母的一切都由4根平衡棒控制，它们位于身体下方钟状体边缘附近的4个小腔内。这些平衡棒由强壮的神经节相连。在立方水母中只有一个较大的颗粒，通常称为平衡石。平衡石是由石膏做成的，每天都会增加一层薄膜，就像树的年轮一样，科学家们常通过平衡石上的薄膜层数来判断个体的年龄。平衡石位于每根平衡棒朝下的一端，它通过配重作用使平衡棒总是保持正面朝上。

立方水母的平衡棒上还有更加复杂的视觉结构。每根平衡棒上都有6只眼，以垂直方向排列成3行。位于两侧的是两对感光眼点，中间的两只眼有像人类一样的晶状体、视网膜和角膜，能够形成图像。

Part 3
水母的海洋生活

大多数水母生活在海洋中,依靠有毒的触手捕食一些小的甲壳类、多毛类甚至小的鱼类。水母是一种无脊椎动物,只能依靠漂浮运动。作为猎手的水母,也经常会成为其他猎食者的食物,如海龟、翻车鱼等,甚至有一些螃蟹也捕食水母,如梭子蟹。

Part 3 水母的海洋生活

水母的食性

　　水母是肉食性动物,在食物的刺激下,水母会伸长触手,刺丝翻出,释放毒液,以麻痹、毒杀猎物,再将食物送入口中。口区的腺细胞会分泌蛋白酶,分解、消化猎物体内的蛋白质,使之形成大量的多肽。在胃腔中的营养肌肉细胞的鞭毛作用下,食物会得到充分混合。至此,细胞外消化过程结束。细胞内的消化过程开始,营养肌肉细胞的伪足吃掉食物颗粒,形成大量的食物泡,再经过一系列化学反应,在细胞的扩散作用下,营养物质就被输送到了全身。

海洋万花筒

　　水母的腺细胞能分泌蛋白酶来消化食物。其实,果实、植物茎叶、微生物、动物内脏都有蛋白酶的存在。微生物的蛋白酶的生产者是细菌、霉菌、酵母和放线菌,其中,细菌和霉菌产量小。蛋白酶有多种用途,能够澄清酒类、嫩化肉类和对蚕丝进行脱胶。在临床上,蛋白酶还有药用价值。例如,酸性蛋白酶能够治疗支气管炎,弹性蛋白酶对脉管炎有疗效,胃蛋白酶可以治疗消化不良,胰凝乳蛋白酶能够净化外科化脓性创口,以及治疗胸腔间浆膜的粘连。

3种常见水母的食性

海月水母：爱摄食仔稚鱼、胶质类水螅水母、浮游动物碎屑、小型桡足类（平均前体长485微米）、桡足类幼体、纤毛虫等。

霞水母：爱摄食仔稚鱼、胶质类水螅水母、海月水母以及沙海蜇。

沙海蜇：爱摄食仔稚鱼、桡足类幼体及磷虾类。

海洋万花筒

人们通常认为水母都生活在海洋中，实际上，有一类水母就生活在淡水中，那就是桃花水母，它也是世界上唯一一类淡水水母。桃花水母又叫"桃花鱼""降落伞鱼"，主要生活在温带淡水中，其形状如桃花，并多在桃花盛开季节出现，因而得名。它是水螅纲、笠水母科中的一属小型水母，已记录11种，我国有9种。

海洋探秘系列 水母探秘

Part 3 水母的海洋生活

开动脑筋

1. 水母以什么为食？
2. 水母是杂食性动物吗？

家庭饲养

在家庭饲养条件下，可以选择丰年虾、浮游生物、卤虫作为水母的食物，还可以选择水母专用液体饲料。入缸第一天禁止投喂，从次日开始，每次给每只水母喂两滴水母专用液体饲料，同时应注意定时定量，不能过量，防止水母因吃得过饱而死亡。我们可仔细观察一下水母，当其胃腔变成橙红色时，就表明它已经吃饱了。在投喂之后，应将水泵循环系统关闭，避免影响水母摄取食物。

海洋万花筒

丰年虾，又称为仙女虾、丰年虫，常见于陆地上的盐田或盐湖，是具有代表性的超盐水生物，为雌雄异体。丰年虾的冬卵十分特别，晒干后能以商品的形式售卖，并且孵化出来十分容易。在水产养殖方面，由于丰年虾含有丰富的蛋白质和脂肪酸，因此是鱼类等幼苗的优质饵料。

钵水母的摄食

　　钵水母（如海月水母）由口经过垂唇进入中央的胃腔，胃腔向前伸出，4个胃囊由此形成。两个胃囊之间有带小孔的隔板，胃囊之间得以相互沟通，促进了液体的循环流动，隔板上具有隔离肌，内缘有内胚层起源的胃丝，上面分布着大量的刺细胞和腺细胞，能够将进入胃腔的猎物固定住，并将其杀死。海月水母只有在幼体阶段才有这种胃囊和隔板结构。

海洋万花筒

　　海月水母的胃环流管包括正辐管、间辐管和丛辐管。正辐管从口腕向伞缘方向延伸，一共有4条；间辐管也有4条，从胃囊向伞缘方向延伸；而丛辐管有8条。正辐管、间辐管和丛辐管都在伞缘处和环管连接在一起。

1.水母常吃一些浮游生物，比如一些小的甲壳类、多毛类，甚至小的鱼类。
2.蛋类。

海洋探秘系列 水母探秘

Part 3 水母的海洋生活

钵水母的肉食性

钵水母都是肉食性动物，主要吃小的甲壳类、浮游生物等。事实上，钵水母也是一类悬浮摄食者，它们用触手将海水中的小浮游生物过滤出来，在口腕处的纤毛作用下，猎物进入口及胃腔。胃丝上分布的刺细胞分泌毒液，杀死猎物，然后腺细胞分泌蛋白酶分解食物，营养物质在环流管壁上的纤毛摆动下从辐管进入环管，而未消化的食物残渣依次经过正辐管、间辐管、胃腔和口排出体外。

海洋万花筒

钵水母伞缘处集中的4个或8个触手囊是其神经感觉中心，具备感光、化学感受和重力感受的作用。触手囊是由环管向外伸出而形成的一个小空盲管，其末端还有平衡石。在平衡囊上端，外伞缘向外伸出，形成笠，作用是遮盖和保护下面的平衡囊。感觉瓣位于两侧，其上具有感觉细胞和纤毛。

共生属性

　　水母虽然看上去十分漂亮、温顺，但其实非常凶猛。由于水母只有原始的消化器官，没有呼吸器官和循环系统，因此捕获的猎物需在短时间内在其腔肠内进行消化和吸收。水母从不轻易放弃自己遇到的猎物，不过，水母也有自己的共生伙伴，它们的关系就如同犀牛和为它清理寄生虫的小鸟一样。水母的共生伙伴是双鳍鲳，又叫小牧鱼。这种鱼体长只有7厘米，能够自由自在地在水母的触手之间游动。每当有大鱼游过来时，小牧鱼就会藏在水母伞状体下的触手中间，利用水母的刺细胞装置，逃过大鱼的"魔掌"。有的时候，小牧鱼还会将大鱼引诱过来，让水母将其杀死，如此它们就能吃到水母吃剩下的残渣了。

　　为什么水母的触手不会伤害到小牧鱼呢？原因是小牧鱼十分灵活，能够巧妙地避开水母触手上的刺细胞，不太容易受到伤害，但也有些小牧鱼会偶尔不小心死于其触手下。水母和小牧鱼共生在一起，小牧鱼会吃掉栖息在水母身上的微小生物，而水母则为其提供保护，两者相互为用。

开动脑筋

1. 钵水母主要吃些什么？
2. 水母和小牧鱼之间是什么样的关系？

参考答案：1.钵水母主要以浮游生物、小的甲壳类、多毛类甚至小型鱼类为食。2.共生关系。

Part 3 水母的海洋生活

海洋探秘系列 水母探秘

捕食和竞争

近些年来，人们忽略了一个很重要但很少拿出来讨论的问题——水母暴发对海洋中其他生物的影响。水母暴发预示着海洋生态系统在退化，而且水母可以削弱生态系统，这已经成为现实了。

水母拥有掌控全局的能力

水母是很多海洋生物的捕食者，同时也是它们的竞争者，这些物种包括其他水母和许多鱼类。水母甚至会和鲨鱼、鲸等大型动物成为竞争者。水母和这些大型动物正面相斗肯定是无法取胜的，但水母的"阴险"之处在于断对方的"后代"，水母会吃掉其他海洋生物的卵和幼体，同时也不会放过其他动物的"粮食"。幼小的、没有自我保护能力的其他海洋生物要么被水母吃掉，要么因为没有东西吃而被饿死。

水母的危害

在特定条件下（如过度捕鱼、营养过剩、水温变暖），水母会征服一个生态系统。这也表明，由水母创造出来的新生态已经无法再变回较复杂的状态。也就是说，海洋中的生物种类会慢慢地减少，以后再也无法见到形状各异的珊瑚、色彩丰富的鱼类和美味可口的海鲜了，到时候，渔民的渔网中收获的很大概率就是各种各样的水母。

奇闻逸事

2009年，在一个风平浪静的日子里，一艘重达10吨的渔船在日本某个海域发生了翻船事件，而罪魁祸首便是十几只水母。

从2002年开始，全球部分沿海地区差不多每年都会发生巨型水母泛滥成灾的事件。这些水母会偷袭渔船，使渔业生产损失惨重。除此之外，水母大军还会占领核电站，破坏冷却设备，导致核电站熄火。

海洋探秘系列　水母探秘

Part 3 水母的海洋生活

食物链

  1927年，英国动物生态学家埃尔顿第一次提出了"食物链"一词。通俗地说，食物链是指各种生物通过一系列吃与被吃的关系而紧密地联系在一起，这些生物由于食物营养关系而联系起来的序列，就像一环扣一环的链子。生物可以分为生产者、消费者和分解者，分类依据是生物在能量和物质运动方面所起的作用。但我们要注意的是，食物链中不含分解者。

水母网络

  水母网络是指与传统食物链并行的次级食物链。水母可以在很艰难的环境下生长，无论它们吃与不吃，都可以很好地活下去，毕竟它们的生命很短暂。对水母来说，没有什么是它们不吃的，如另外一只水母、微生物或是溶解在水中的营养、淤泥等。实际上，水母在其他生物尚未出现的时候就已经进化并昌盛了数百万年了。不管是很久以前的所谓的低能耗食物链，还是现在的高能量需求的食物链，如鲸、海鸟，水母都可以很好地融入，因为水母的生存能力非常强大。

食物链的构成

根据生物之间的关系，食物链包括捕食食物链、碎食食物链（腐食食物链）、寄生食物链。

捕食食物链是指以生产者为食物链的起点，一种生物以另一种生物为食物构成的食物链。

例如，青草→野兔→蛇→鹰。绿藻→浮游动物→虾米→小鱼→大鱼。

碎食食物链是指以碎食为起点的食物链，碎食被一些生物利用，分解为碎屑，再被多种动物食用。

例如，树叶碎片及小藻类→虾（蟹）→鱼→食鱼的鸟类。

寄生食物链由宿主和寄主组成，是指小动物寄生到大动物身上而形成的食物链。

例如，哺乳类→跳蚤→原生动物→细菌→过滤性病毒。

海洋探秘系列 水母探秘
Part 3 水母的海洋生活

能量转换

　　水母对海洋生态系统造成严重威胁的一个原因是与能量转换有关。什么是能量转换呢？通常来说，能量较高的生物吃掉能量较低的生物。例如，草是牛、羊等食草类动物常见的食物来源，而一斤肉的能量比一斤草的能量多。一般而言，某个物种在食物链上的等级越高，它的能量就越大，但水母颠覆了这套理论系统。水母吃鱼卵和幼体（在食物链上，鱼卵和幼体的等级要高于水母），这是将高能量的食物通过水母摄入体内，转换成一种能量值更低、更不合理、更低质量的食物。

海洋万花筒

　　浅海：海面以下200米内的区域。在浅海区，浮游植物和大型藻类能利用太阳光进行光合作用，满足自身生长的需要，而它们成了小型浮游动物的食物，这些小型浮游动物又成了一些小甲壳类、节肢动物的食物。

　　深海：通常指深度超过200米的海域。深海的鱼有着非常奇特的生活方式，由于阳光照射不到，一些藻类难以生存下去。

开动脑筋

1. 水母给海洋带来了什么样的危害？
2. 水母在食物链中处于哪个层次？
3. 海洋生态系统是如何分类的？

破坏生态系统

　　水母的捕食和竞争、人类过度捕捞和海水酸化等会破坏海洋生态系统，从而给水母的大量繁殖提供机会。如果再不治理并保护海洋生态环境的话，海洋就会慢慢成为水母的天下，很多物种（不管是大型鱼类、哺乳类，还是小型、微小型生物种群）都会因水母和人类而从世界上消失，未来的海洋也会形成单一的生态系统。

海洋万花筒

　　在海洋生态系统中，生物群落和其环境相互作用。从广义上讲，全球海洋是一个大且复杂的生态体系。相互作用的生物和非生物，通过吃与被吃，从而形成统一体，这个统一体有着一定的结构和功能。根据生物群落划分，海洋生态系统分为红树林生态系、珊瑚礁生态系、藻类生态系等；根据海区划分，其又分为沿岸生态系、大洋生态系、上升流生态系等。

参考答案：
1. 海至深处，水母没准也会在那里，海底深处的生物将是浮游动物多。
2. 次消费动物。
3. 根据生物群落划分多，海洋生态系统分为红树林生态系、珊瑚礁生态系、藻类生态系等；根据海区划分，其又分为沿岸生态系、大洋生态系、上升流生态系等。

海洋探秘系列 水母探秘

Part 3 水母的海洋生活

作为猎物和食物的水母

　　水母作为一种食物链底层的海洋生物，虽说它们的数量巨大，繁殖能力强，生存能力也不错，但是作为食物链中的一员，它们同样会成为一些物种的食物。有些物种专门以水母为食，其中有名的就是海龟。海龟在吞噬水母的过程中，往往会分不清水母和塑料袋之间的区别，新闻报道中也常看到某个海滩上出现一只死去的海龟，人们在它的身体中发现了大量的垃圾等。本来有些物种可以帮助人类控制水母的数量，然而，人类的一些行为却起了坏的作用。

海洋万花筒

　　印度洋中的一种梭子蟹会把水母当作食物吃掉。鱼类也会吃掉水母，海豚更以玩弄水母为乐。除鸟类外，陆地上的狐狸和一些哺乳动物也会在食物缺乏的情况下吃掉冲上海岸的水母。在亚洲，有些水母被当作一种美味佳肴端上人们的餐桌。

水母的防御措施

　　面对被捕食的威胁，水母会有怎样的防御措施呢？我们介绍过，水母的触手或者身体的某个部位会有一种叫作刺细胞的物质存在，而这就是水母的防御工具。面对天敌，水母会用触手上的刺细胞来反抗，刺细胞中或有麻醉药物，或有剧毒。有些物种的身体上长着凝胶状的突出结构。平时，这些结构可以维持浮力，因为它们会产生拖拽效果，在遇到危险时可以延长这种动物的中心位置与潜在捕食者之间的距离。

　　有时候，你会发现鱼类和鸟类嘴里叼着一只水母，然后又把它吐了出来的现象，这或许说明水母的组织存在不合口的化学成分，包括海绵和软珊瑚在内的生物都会有这样的防御措施。

　　有两个来自日本的栉水母远方亲戚的物种有非常奇特的防御措施：在受到惊吓时，它们会喷出类似碘酒一样的墨汁，类似乌贼和章鱼使用的墨汁来逃脱危险。

海洋探秘系列 水母探秘

Part 3 水母的海洋生活

爱吃水母的海龟

海龟是水母的天敌，它们有一张如同老鹰的嘴般锐利的嘴巴，可以将水母磨碎。虽然水母有能释放毒液的触手，但海龟会巧妙地避开触手，用嘴巴对水母的头部"开刀"。并且，海龟的皮肤特别厚，水母的刺细胞无法轻易穿透。除此之外，海龟有较强的解毒能力。例如，下面这3种龟类就是以水母为食的代表。

玳瑁

玳瑁是属于海龟科的海洋动物，长约0.6米，主要生活在太平洋和大西洋的浅水礁湖和珊瑚礁区，它们有较强的活动能力，游速很快，以海绵、水母、贝类、海藻、鱼类等为食。

66

蠵龟

　　蠵龟属于海龟科，是现存最古老的爬行动物，身长约 1 米，体重约为 100 千克，分布于太平洋、大西洋和印度洋的温水海域。我国东海、南海海域也有太平洋蠵龟，它们主要捕食甲壳动物、软体动物，尤其是水母、头足类动物和其他无脊椎动物，有时会吃鱼卵、海藻，喜欢在大陆架、珊瑚礁或者有褐藻的浅滩中寻找食物。

棱皮龟

　　棱皮龟同样是水母的克星，它们能够自由地游弋在水母群体之间，并且轻而易举地"掰断"它们的触手，如此一来，水母只能上下翻滚，直至丧命。棱皮龟没有牙齿，吃掉水母后，其食道内壁尖锐的皮刺会碾碎食物，然后食物进入胃和肠中被消化。因此，它们能克制水母。

开动脑筋

1. 水母的天敌都有哪些？
2. 以水母为原料的菜品叫什么？

海洋探秘系列 水母探秘

Part 3 水母的海洋生活

爱吃水母的鸟——军舰鸟

军舰鸟是鹈形目、军舰鸟科 5 种大型海鸟的统称，有极其细长、展开时长约 2.3 米的翅膀，长而深的叉形尾，通常雄性成鸟羽毛全黑，雌性成鸟则下部为白色，栖息在海岸边的树枝上，主要吃水母、鱼类和软体动物，白天时会在水面上飞翔，暗中观察水中动静，只要发现有鱼出现在海面，就会快速俯冲下去，精准地抓获水中的猎物。

吃水母的其他动物

科学家们通过全天候地观察和追踪一些海洋动物，并通过对它们的食物残留进行化学特征分析后发现，鳕鱼、企鹅、巨型章鱼和信天翁等动物也爱吃水母。

爱吃水母的鱼——翻车鱼

在鱼类中，翻车鱼的长相十分有特点，它们有庞大的身躯、短小的尾巴、樱桃般的嘴巴、大大的眼睛。翻车鱼酷爱吃水母，尤其是海月水母，同时还爱吃小鱼、海马、甲壳动物和胶质浮游生物等。

海洋万花筒

信天翁是一种大型海鸟，又称信天公、信天缘，体长70～140厘米，嘴巴前端带钩，鼻孔呈管状。翅膀比较长，而尾巴较短。腿位于身体后端，且短小。一般群体生活在海岛上，主要吃水母、头足类和鱼类，分布在南、北半球。其中短尾信天翁的体羽主要为白色，颈部为淡黄色，嘴肉红色，先端白色，为我国的稀有品种。

开动脑筋

1. 信天翁有哪些别称？
2. 水母如何防御天敌？

参考答案：1.信天公、信天缘。2.水母用触手上的毒液，将有害生物用麻痹，防止其伤害自己。

Part 3 水母的海洋生活

海洋探秘系列 水母探秘

隐身有术

所谓的隐身是指通过一定的伪装技术，将自己和所处的环境融为一体，以此来摆脱危险的一种手段。这种手段包含了很多科学道理，如光的折射、视觉盲区等。隐身是某些生物的保命手段，有些水母也非常擅长。

水母身体是透明的

很多水母的身体都是透明的，不管是捕食者还是猎物，目光都会穿透水母的身体，因而看不到它们。大多数水螅纲水母和栉水母的身体都是透明的。有趣的是，世界上毒性最强的澳大利亚箱形水母和伊鲁坎吉水母的身体也是透明的，它们会悄无声息地靠近人类，当人们只看见这些水母在沙子上的影子，而不是身体的时候，说明已经晚了。剧毒的伊鲁坎吉水母的身体透明到就算放进玻璃瓶中也难以被发现。

利用颜色来伪装

大多数水母都是通过使用色素（包括斑点）来伪装，例如，鲸脂水母棕色或者绿色的身体上会长着白色斑点。对潜在捕食者或猎物而言，这样的图案会带给它们一种错觉，让它们觉得这是一群很小的生物，从而放松警惕，最后让鲸脂水母躲过危险或者捕获猎物。色斑在生活在距离水底很近的物种身上很常见，如仙女水母，而且尤其常见于能让视觉产生错乱的背景复杂的生境，如珊瑚礁。生活在珊瑚礁和藻类之间的物种身上带有不同颜色的条纹，这同样是很好的伪装手段。

海洋万花筒

玻璃蛙因全身透明而得名，原产于委内瑞拉，目前主要分布在中南美洲。体长2～3厘米，眼睛大而突出，四肢修长，吸盘发达，善于攀爬；腹部皮肤透明，能看到它们的心脏、肝脏和消化道。

海洋探秘系列 水母探秘
Part 3 水母的海洋生活

特定鲜艳色彩的伪装

某些生境中，特定的鲜艳色彩也是有益伪装的。由于光在水中传播的方式，导致不同颜色的光的穿透力不同，红色的光穿透力最差，所有深红色在相对浅一点的颜色中看上去就是黑色的，比如，紫蓝盖缘水母和环冠水母深红色的身体不仅可以用来伪装，还能遮挡住身上所发出的荧光。

海洋万花筒

玻璃乌贼：一种深海动物，主要分布于中大西洋海脊，其身体呈透明状，眼睛上有轻器官，具有将自己滚成球的能力，如同一只水生刺猬。它是鲸、海鸟和小丑鲨等的猎物。

蓝色的伪装

对于生活在气-水界面的物种而言，蓝色有极大的优势。如僧帽水母、蓝色帆水母和银币水母，以及一些生活在这样环境下的软体动物和甲壳类都是这种颜色。这种蓝色不仅可以反射紫外线，保护这些动物的组织免遭日光的伤害，还能反射其他波长的光，让动物保持凉爽，甚至可以提供伪装，避免被天空中的捕食者发现。

海洋万花筒

僧帽水母是一类终生群居的腔肠动物，它们会将食物困在触角里，并且主要以鱼苗和小型成年鱼为食，也以浮游生物中的虾类、甲壳类动物和其他小型动物为食。不过，它们近70%至90%的猎物是鱼类。僧帽水母的触手含有剧毒，一旦被注入毒液，多数海洋生物无法生还。

Part 3 水母的海洋生活

警告标志

对潜在的捕食者来说，水母身上的颜色是一种警告标志。整个动物界中最常见的警戒色为红色和黄色，如北美洲东部的珊瑚蛇、中南美洲的毒蛙身上的颜色。在水母群中，管水母的蜇刺器官一般都是黄色或者红色的，如果有人忽视了这种颜色的伪装，就要承受其攻击后带来的痛苦了。一些伊鲁坎吉水母的簇生刺细胞也常常呈鲜艳的红色或者粉色，这也许就是类似的警告标志。

海洋万花筒

大鳍后肛鱼的脑袋是透明的，眼睛呈管状。它们的眼睛非常有利于收集光线，并且可以在脑袋上那充满液体的透明防护体内旋转。它们的眼睛长在脑袋上，由亮绿色的晶体罩住。当搜索脑袋上方的食物时，眼睛会朝上；摄取食物时，眼睛会朝前。口上方的两个小点是嗅觉器官，即鼻孔，而不是眼睛。

栉水母
1. 仍然动着游。
2. 为了使它们通过波浪月光传播。

折射颜色

一些常见的水母身上的色彩是由光折射引起的，特别是栉水母，它们会用那长有纤毛的栉板带制造出彩虹效果。事实上，这些颜色并不是它们真正创造出来的，自然光中的组成部分经过纤毛的折射，传到人的眼中便是各种颜色了。

海洋万花筒

人们在南极洲和南美洲南边附近的冷水域发现了鳄形冰鱼，它们主要吃桡足类动物、鱼类、磷虾等。鳄形冰鱼的血是透明的，这是因为它们体内不含血色素，或者红细胞已经死亡。它们可利用皮肤吸收水中的氧来完成新陈代谢。

开动脑筋

1. 水母通过什么来保护自己不受到伤害？
2. 水母身体透明的好处是什么？

海洋探秘系列 水母探秘

Part 3 水母的海洋生活

水漂群落

水漂生物生活在水-气界面，一部分身体露在大气中，一部分身体浸在水里，并形成自己的群落，其包括水母、软体动物、甲壳类、蠕虫等。它们有着很强的适应能力，往往生活在条件最恶劣的海洋环境之中。

水漂生物既需要应对水带来的压力，还需要应对空气带来的压力。当暴露在阳光和空气下，它们那脆弱的身体极其容易脱水。与此同时，它们还需要同时应对来自空中和水中的捕猎者，并且无法安全撤退到两个领域中的任何一个。

大部分的水漂生物的身体都是深蓝色的，这种深蓝色有助于保护这些生物免遭紫外线的伤害，并且能使它们和海洋背景融为一体，避免被空中的捕猎者发现。

海洋万花筒

水母会漂移，它们的伞状体上面分布着一些肌肉纤维，当它们想要移动的时候，就会控制这些肌肉纤维来进行扩张和收缩。当收缩时，内腔的水会被排出体外，水母就会借助水的推力来运动。但是，水母主要还是依靠水流来移动。

水漂生物中既有动物，也有植物。在淡水水域，水漂生物包括浮萍、狸藻和王莲。水漂动物则包括刺胞动物、软体动物、甲壳纲节肢动物等。最有名的海洋水漂植物是褐藻类的马尾藻，它们广泛地存在于大洋中。马尾藻的叶状体高度分枝，有充满空气的气囊，并且是中空的。这些漂浮"森林"与许多动物，如马尾藻鱼、盖鳃水虱等，共同组成马尾藻群落。

海洋探秘系列 水母探秘

Part 3 水母的海洋生活

生活在水漂环境中的水母

　　有不少种类的水母生活在水漂环境中，如僧帽水母、银币水母和帆水母等，它们的触手会在海水里伸展开，而有着气泡形状的浮囊则竖立在空气中；银币水母的同心圆盘会漂浮在水面上，下面边缘处则长有鲜艳的蓝色触手；帆水母的浮囊体呈青蓝色，因浮囊体上方有一银色竖直帆而得名。这些水母一群群地生活在辽阔的海面上，度过自己短暂的一生。

海洋万花筒

　　僧帽水母属于水螅虫纲，它们的身体为蓝青色，有两头尖的浮囊，底部平滑，外形像僧人的帽子，所以得名"僧帽水母"。它们浮囊上的膜冠能发光，能够控制方向。如果有风的话，能够在水面上漂行，如同船帆一般。

大西洋海神海蛞蝓

　　水漂生物中有一个物种叫大西洋海神海蛞蝓，它们以水母为食，并且像水母一样会蜇人。它们的身上长着蓝色、黑色和银色的条纹，头上长着两对像兔子耳朵一样的突起，上面有很多指状的附肢。其身体内储存着从水母那里猎取的未释放的刺细胞，当遭到攻击的时候，这些刺细胞便派上了用场。大西洋海神海蛞蝓靠吞咽空气来增加浮力，以此漂浮在水面上。

Part 3 水母的海洋生活

海洋探秘系列 水母探秘

1.海蜗牛头部、触角很像蜗牛，但由水母动物水母等
2.几种海洋漂浮物的贝壳图示，如紫贝壳的，能够在水面上漂浮，如同微型一样。

其他水漂生物

软体动物中前鳃类的海蜗牛有十分轻薄的壳，它们能够凭借可动的前足捕捉气泡，并固定于由足腺分泌的、可迅速凝固的黏液浮体上，使自己能够漂浮；头足类的船蛸有像纸张一样轻薄的壳，借助壳的内腔来增加浮力；甲壳类的茗荷附着在帆水母的"骨骼"或海蜗牛的贝壳上，成为水漂生物中的一员。

海洋万花筒

茗荷又叫佛角，附着在海洋漂浮物上，广泛地存在于世界各大洋中。它们的身体包括光裸的柄部和具壳板的头部。头部有白色壳板，一个壳室就形成了，而躯体则被包裹在内。它们还有6对蔓足，尾部的附枝则是爪状，身体的两侧均有2个鞭状突起。茗荷通常成群结队地附着在轮船的底部、海洋中的浮标和码头设施表面，能够降低船只的航速。

紫螺

　　紫螺是水漂生物中的一个常见成员，属小型软体动物。它们以水漂水母为食，并制造垫状黏液泡沫，外出时会裹着黏液的"孵囊"，如此其卵便能漂浮在水面上。这是它们保持漂浮的方式。如果稍不注意而掉下来，那就意味着死亡，因为它们无法再次浮上来。

　　紫螺大多数呈紫罗兰色或紫色，在海洋生物中，这是一种非常常见的配色方案，能够使它们伪装成水生动物，不被空中或水下依赖视力的捕猎者、猎物发现。它们的壳底部颜色较深，壳顶部颜色较浅。

　　每当向岸风吹过后，人们总能在热带或者温带地区的海岸线上观察到这些水漂生物。由于担心被水母蜇到，很多人会在这时候远离海滩，但不少观察者依然能敏锐地观察到这些让人赞叹的水漂生物的存在。

开动脑筋

1. 水漂水母有哪些？试着列举出来。
2. 僧帽水母如何漂行？

Part 3 水母的海洋生活

海洋探秘系列 水母探秘

水母的"伙伴们"

水母在地球上生活了数亿年,已经与许多其他生物形成了紧密的关系。它们之间并不全是直接的捕猎者和猎物的关系,还有一些是共生的关系。所谓的共生关系,是指两种不同生物之间形成的密切互利的关系。一种生物为另外一种生物提供赖以生存的基础,同时也获得对方的帮助。两种生物共同生活,彼此依赖,如果分开,双方或者其中的一方则无法生存下去。

共生

按照共同居住的状况,共生分为外共生和内共生。外共生,例如,清洁虾以鱼类体表的细菌和病灶组织为食,既帮助鱼类做了清洁工作,同时也为鱼类治了病。它们之间的这种关系属于外共生。内共生,例如,鞭毛虫和白蚁,鞭毛虫寄居在白蚁的消化道内,白蚁为其提供了栖息的场所和营养来源,而鞭毛虫则替白蚁消化纤维素,两者的关系就属于内共生。

大自然的生存法则是"物竞天择，适者生存"。在漫长的进化历程中，似乎只有战胜对手才能赢得大自然的青睐，但其实体现合作精神的共生关系的生存战略同样是大自然的选择，是另外一条进化道路，如美丽的海葵和海葵虾。

海洋万花筒

白蚁喜欢吃木材，但其肠道内缺乏消化木质纤维的水解酶。而生活在白蚁肠道中的鞭毛虫却刚好能分泌这种酶，并将其分解为糖。这些糖不仅为白蚁提供了能量和营养，又能被鞭毛虫吸收。如果没有鞭毛虫，白蚁就会因为无法消化木材而被活活饿死。但如果鞭毛虫脱离白蚁的肠道，它们也无法生存下去。一旦白蚁蜕皮，鞭毛虫就会被甩出来。蜕皮的白蚁则会吃掉未蜕皮的白蚁的排泄物来重新获得鞭毛虫。

Part 3 水母的海洋生活

水母与鱼类、藻类的共生

虽然水母十分凶猛,但它们也不是孤傲而高冷的动物。

水母与鱼类的共生:小牧鱼和水母的共生关系众所周知。除了小牧鱼外,还有一些鱼类可以和某些种类的水母共生,如小丑鱼、巴托洛若鲹、军舰鱼可以和僧帽水母共生。小丑鱼、巴托洛若鲹和军舰鱼身体上的黏膜不会刺激僧帽水母的刺细胞,也就不会受到僧帽水母触须的攻击。它们会在被其他鱼类捕猎的时候躲进僧帽水母的触须里,那些攻击它们的鱼类就成了僧帽水母的食物来源。还有大洋极深海鳚,有时会与冥河水母共生,它也是人类已知的唯一一种与水母共生的鳚鱼。

水母与藻类共生:如今研究最透彻的共生关系之一是某些水母和藻类之间的关系。拥有共生藻类的水母,如仙女水母和澳洲斑点水母,都可以用藻类供应的碳水化合物来满足自己的营养需求。有了这些藻类,水母就可以不用进食。由于阳光的照射和水中存在的大量养分,共生藻类能进行光合作用,从而不会让水母缺乏营养。

水母与无脊椎动物的共生

许多种类的无脊椎动物将水母当作移动家园和免费的"便车",还是提供餐饮的那种。小型蟹类生活在水母层叠状组织的沟壑中;鹅颈藤壶生活在水母钟状体边缘,悬挂在触手之间或身体顶端,像触角一样朝上伸着。有一些种瘤蛇尾属的海蛇尾和水母的共生关系很令人惊讶,一只水母身上会出现几十只海蛇尾。

有些发育中的甲壳动物会趴在水母钟状体顶端。还有一些无脊椎动物对水母的利用更彻底,不仅吃水母的、喝水母的、用水母的,最后还将水母的"尸体"或"残肢"占为己有,用来武装自己。其中有一种名为印太水孔蛸的章鱼会将水母的触手排列在自己8条触手的吸盘中,用来攻击和防御。还有一些种类的螃蟹甚至会将水母披在身上当防御外套,就像"金钟罩"一样。

Part 3 水母的海洋生活

海洋探秘系列 水母探秘

寄生所带来的影响

寄生是指一种生物生活在另外一种生物的体表或者体内，并从后者摄取营养来维持自身生存的种间关系。前者是寄主，后者称为宿主。寄生是生物种间的一种对抗性的相互关系。共生是相互依赖且互惠的，但是寄生会对宿主造成一定的破坏。

最典型的寄生是水母和一种片脚类动物的关系，后者形似小虫子，会进入水母的体内，吃掉水母的胃组织和生殖器，然后这种雌性寄生物会挖空水母的内部，留下外皮，将自己的后代留在水母体中。雌性寄生物会推着水母的身体前行，以便照顾自己的后代，后代出生后，会将水母当作第一顿大餐。

开动脑筋

1. 什么是共生关系？
2. 什么是寄生关系？
3. 水母湖在哪个国家？

参考答案：
1. 共生关系，是指两种共同生活之间形成紧密互利的关系。
2. 寄生关系，是指一种生物生活在另一种生物的体表或体内，从以寄主获得营养维持其生命活动的相互关系。
3. 帕劳。

无毒水母集结地——水母湖

水母湖位于帕劳的科罗尔，是帕劳的"镇国之宝"。人们在1982年发现了这个湖，在1985年将其作为旅游景点。帕劳地区有4个无毒的水母湖，但只有一个对外开放。水母湖是一个天然的潜水胜地，潜入水中，人们可以看到很多美丽飘逸的黄金水母，它们是藻类的宿主，通过与藻类形成的共生关系生存。它们围绕在人们身旁，给人一种梦幻般的感觉。这时，更多的人会情不自禁地放慢脚蹼的摆动，与它们共舞。这些无毒的水母全身都散发出淡淡的橘色光芒，以海藻分泌的营养素来维持生存。

在数万年前，水母湖曾经是海的一部分，随着地壳运动，附近的海床上升，这里就被隔离开了，一个看上去十分普通的内陆咸水湖由此形成。随着湖中养分的不断消耗，大部分的海洋生物消失了，只剩下一种低等的海洋生物，那就是水母，它们只需要依靠少量的微生物就能够生存下去。因为天敌都消亡了，这些水母就失去了先辈们用以保护自己的武器——毒素。这些水母脆弱到游客身上的防晒霜都会伤害到它们。而且，在大约每10年出现一次的厄尔尼诺现象影响下，水母湖温度会升高，导致水母大面积死亡，但它们经常能够实现数量大反弹。

Part 4
奇形怪状的水母

水母的种类有很多，外貌和形状也不尽相同。有的水母像钟表，由于其眼睛旁有一排红色的眼点，因此被称为红眼水母；有的水母像疱疹，有橙棕色的花纹，喜欢在夜间活动；有的水母则像箱子，被人们称为箱水母；还有的水母像灯塔、有的像荷包蛋、有的像警报器……是不是有点儿难以置信？

Part 4 奇形怪状的水母

海洋探秘系列 水母探秘

华丽钟形水母

华丽钟形水母的身体呈透明状，一排红色眼点分布在边缘，长有100多条细长可伸缩的触手。在游动时，触手会缩得很短，当处于静止漂流时，触手长度会变成钟状体的两倍。

形态特征

华丽钟形水母又名红眼水母，体呈钟形。直径为2～3厘米，高度可达10厘米。这种水母的生殖腺和其他一些内脏为紫色、黄色、黄褐色或者红棕色。华丽钟形水母主要生活在近岸水域和鳗草之间的海湾中，喜欢吃鳗草上常见的小型甲壳动物，以及底部的蠕虫和小型浮游生物。

捕食和被捕食

白天，华丽钟形水母像一只蜘蛛般伸展着四肢，匍匐在海床上。为了捕捉海底周围的浮游动物，它们"跳跃"着，然后慢慢下移。晚上，它们会将头部收紧，上浮一些，吃掉那些从沉积物中出现的小型有机物。华丽钟形水母的垂直移动凭借的是钟形头底部边缘上的眼点，这些眼点看不见图像，但对光十分敏感，能够探查到光线。一直以来，人们都认为海蛞蝓只吃水螅虫，并将未释放的刺细胞收为己用，不会吃水母体一类的生物，因为水母体可以游开。然而，有一种乳白色的海蛞蝓掌握了吃掉华丽钟形水母的方法。这种乳白色的海蛞蝓会等到华丽钟形水母出现，先吃掉它的触手，然后再吃掉整只水母。

海洋万花筒

水螅虫为多细胞无脊椎动物，通常很小，只有几毫米。身体呈褐色，为圆筒状，体内有一个空腔。下端有基盘，上端有口，长有6～10条触手。常常生活在淡水中，固着在水沟中的水草上。它们的老化速度极慢。

Part 4 奇形怪状的水母

维多利亚多管发光水母

维多利亚多管发光水母也被称为水晶果冻水母、水晶水母，大部分栖息在北美洲西海岸。在春末时分，在海洋底部栖息的水螅体会发育成水母体，它们会游到东太平洋近岸以及离岸地区。

维多利亚多管发光水母的形态

维多利亚多管发光水母的身体几乎完全透明，并且口伸缩幅度较大，连通垂管处于中央位置，辐管伸展到伞膜边缘。伞膜边缘由多达150条长度不一的小触手包围。触手上分布着用于捕食和防御用的刺细胞。它们主要吃甲壳类的浮游动物和软体生物，同时会捕食凝胶状生物。

海洋万花筒

维多利亚多管发光水母最初发现于北美洲西海岸的维多利亚港，因此而得名。它们的伞状体下方密集地排列着很多根辐管，多管水母的属名也由此而来。

生物学用途

维多利亚多管发光水母在发光水母中"声名显赫"。一眼看去，它们和其他水母没有什么不同，但在被攻击时，它们会散发一圈绿色的荧光来进行防御。夜晚，它们光点一个连着一个，围成一个圆圈，在水流中变幻着，美极了。维多利亚多管发光水母已经成为最具影响力的水母，经过研究，科学家们发现这种水母具有光蛋白和绿色荧光蛋白（GFP）。这两种蛋白质都可以用于分子研究、临床和实验室。目前，这种水母还有极其重要的生物学用途，例如，研究大脑怎样将感觉信号转化为动作输出、追踪HIV病毒的扩散以及标记癌细胞等。

开动脑筋

1. 华丽钟形水母如何捕获猎物？
2. 说说疱疹水母名字的来源。
3. 为什么说维多利亚多管发光水母是最具影响力的水母？

参考答案：
1. 它们触角有刺细胞，触到猎物身上，刺细胞就"爆炸"，释放出钩针下毒。
2. 疱疹水母的伞缘有疱疹，人们给它取的名字很贴切，因为这种水母确实很像长疱疹。
3. 因为它们会发出蓝绿色荧光，非常漂亮。

Part 4 奇形怪状的水母

海洋探秘系列 水母探秘

灯塔水母

灯塔水母的体型如同豌豆般大小，其身体透明，能看到鲜红色的胃部。

灯塔水母的形态

从古至今，人类一直在探寻着永生的秘诀，但我们没有料到的是，这个最令人向往的秘密可能在一种水母身上出现了，这种水母便是灯塔水母。

灯塔水母是一种小型水母，伞状体的直径为4～5毫米，如同豌豆般大小，身体透明到可以看见其鲜红色的胃部。由于其身体呈灯塔状，因此被称为灯塔水母。灯塔水母的伞状体直径和高度相当，凹入的一面为下伞面，向外凸出的一面为外伞面，而垂唇则位于下伞面的中央位置，垂唇的游离端为口。

几十条又细又长的触手从灯塔水母伞状体边缘辐射出来。其体壁由两层上皮肌肉细胞和中胶层构成。胃囊处有4条辐射管延伸出来，并和环管连接在一起，由环管可伸出离心的小管进入触手，直接到达触手的末端。

开动脑筋

1. 仙女水母为何能稳定地停留在平整的表面上？
2. 球栉水母主要吃什么？
3. 灯塔水母为何能够永生？

灯塔水母永生的秘诀

和其他水母一样，灯塔水母拥有自由游动的有性水母体阶段和底栖生活的无性水螅体阶段。绝大部分生物死亡时会降解和腐烂，但灯塔水母不一样，它们的细胞会通过转分化细胞发育过程，再次聚集起来，重组成新的水螅体群体。因此，灯塔水母在性成熟后可以重新回到未成熟的阶段，紧接着，水螅体再次通过出芽的方式产生新的水母体。这就相当于一只将要死的青蛙再次聚集细胞，变成一只蝌蚪。是不是很神奇？

海洋万花筒

水母会说话吗？答案是不会。水母没有眼睛，也不会说话，但它们能够感知次生波。水母之间如果要沟通，就要靠它们的触手和强大的感官神经系统。

1.它们的躯体是透明的，因此可以捕捉到悬浮在生殖腺的食物。
2.触手细如发丝。
3.灯塔水母死亡后，细胞可以再聚集，形成的新的水母可以再生一次。

Part 4 奇形怪状的水母

冥河水母

冥河水母属于巨型深海水母科动物，是一个较为单一的物种，也是深海中最大的无脊椎食肉动物之一。

冥河水母的形态特征

冥河水母为黑红色，外形为钟状，伞状体直径大约为1米。有4只长约10米且非常发达的口腕。目前已知最大的冥河水母的伞状体直径大约为1.4米，体长为11米。这种水母的伞缘没有触手，但伞缘的褶皱很多，有十分发达的纵肌。

分布广泛

人们最早于 1901 年在南极海域发现了冥河水母。在随后的 100 多年中，这种水母多次出现在南极海域，人们也曾在日本海域发现过这种水母。北冰洋、太平洋和大西洋都有它们的存在。因此，人们推断这种水母虽然极为罕见，但应该分布很广。

海洋万花筒

冥河水母是一种无毒的水母，它们的触手很光滑，上面没有刺细胞，科学家猜测它们可能用触手缠绕猎物后进食。

海洋探秘系列 水母探秘

Part 4 奇形怪状的水母

狮鬃水母

狮鬃水母是霞水母科、霞水母属中的一种动物，其伞状体可达 2 米，有 8 组触手，触手最多的时候有 150 条，长度超过了 35 米，有着和蓝鲸一样的体长。狮鬃水母有十分简单的结构，既没有大脑，也没有心脏，但这丝毫没有减弱其危险性。

狮鬃水母有毒

狮鬃水母看上去十分漂亮，因嘴边有橙黄色的触手，如同狮子的鬃毛般而得名。它们异常凶猛，其触手上的毒针能够麻痹人，可致人死亡，不过它们很少在人类活动的地方出现。它们的触手不仅是捕食的武器，也是消化器官。这些触手上布满能够射出毒液的刺细胞。

狮鬃水母的习性

大多数狮鬃水母栖息在较冷的海域，在海面下 20～40 米的区域活动，主要吃浮游动物、小鱼等。它们为雌雄异体，生殖腺位于胃囊附近。每当春天来临时，海水变得温暖起来，狮鬃水母就开始大量繁殖。为了提高受精的概率，它们会聚集在一起，把精子和卵子释放在海水中。有的精子会游到雌性水母体内，在母体内结合成受精卵，并发育成长。在北大西洋、北太平洋、新西兰海域和北冰洋，这种水母均有分布，但极少存在于低于北纬42°的地区。

海洋万花筒

狮鬃水母的个体大小会影响它们的体色，较大的个体拥有鲜艳多变的体色，而较小的个体则多为亮橘色、棕褐色，甚至是无色的。它们的寿命为 4 年左右，属于比较长寿的水母。

Part 4 奇形怪状的水母

煎蛋水母

煎蛋水母属于钵水母纲动物，伞状体周围是白色的，中央却是黄色的，看上去十分像煎鸡蛋，这是其得名的原因。

煎蛋水母的形态

煎蛋水母的伞状体直径为60厘米，触手分布在伞状体的边缘，并且具有16个缺刻，每个缺刻中都有一个触手囊，也称感觉器。纤毛沟长在口腕的内部，辐射管从胃囊中伸展出来，有的煎蛋水母有环管，有的煎蛋水母则没有环管。它们的身体呈白色透明的盘状，大量的刺细胞分布在外伞中央位置。平衡囊位于其远端，呈豆子状。16束呈"U"形排列的触手分布在下伞的纵辐位上，它们有非常发达的口腕，白色的触手长达3～6米。

煎蛋水母的生长过程

煎蛋水母的生长过程为：水母体→浮浪幼虫→钵口幼虫→横裂体→碟状幼虫→水母体。煎蛋水母主要分布在温带海域，包括地中海、大西洋、东太平洋等，大量分布在美国加利福尼亚州的蒙特利湾。

煎蛋水母的消化系统

煎蛋水母有十分复杂的消化系统，口连接着胃腔，胃腔位于身体的中央位置。胃腔向周围扩展，4个胃囊由此形成。分枝和不分枝的辐管从两个胃囊的中央伸展出来。这些辐管和伞状体边缘的环管连接在一起。水流由口进入，到达胃腔，经过辐管，到达环管，再由一定的辐管流入胃囊，从口流出。

开动脑筋

1. 冥河水母主要分布在哪些海域？
2. 狮鬃水母毒性大吗？
3. 说说煎蛋水母名字的来源。

煎蛋水母的生殖腺

煎蛋水母有4个生殖腺，呈马蹄形，由内胚层产生，处于胃囊底部的边缘。一些丝状结构分布在生殖腺的内侧，即胃丝。生殖腺产生精子或者卵子，在水流的作用下，精子进入雌性水母体内，与卵子结合成受精卵，也有在海水中结合成受精卵的。

Part 5
水母有个大家族

水母有一个大家族,海洋中已知的水母就多达上千种,或许人类也不清楚水母这个大家族到底有多少成员。有的水母能够长得很大,如霞水母,其触手长达36米;有的却很小,如灵气水母,它们小得连触手都没有,仅靠几百张小口来进食。

Part 5 水母有个大家族

海洋探秘系列 水母探秘

幽冥金黄水母

在希腊语中，幽冥意为幽深而神秘，因此，幽冥金黄水母又称为黑色海荨麻、黑海刺水母，属于金黄水母属。幽冥金黄水母大多数分布在太平洋海域，是一种大型水母，体长6米左右，伞状体直径可达1米，全身有时呈黑色，有时呈淡红色或者紫色。它们通常吃浮游动物、小型鱼类和其他水母。

形态特征

幽冥金黄水母的伞状体呈穹顶状，32个方形圆角感受器位于伞状体的边缘。细长的触手则处于这些感应器之间。触手分为8组，每组有3条。伞状体下面有4只口腕，这些长长的口腕相互缠绕在一起。

颜色的变化

幽冥金黄水母幼体为淡淡的紫色，当长大到约 5 厘米长时，伞状体为粉红色，而触手为白粉色，口腕为亮红粉色。野外的幽冥金黄水母全身呈一种不透明的深紫色，接近黑色。在水母中，这种颜色极为罕见。

行踪诡秘

幽冥金黄水母是新发现的物种，它们进化出了大型内部锚定结构，这样可以以头部朝前的方式游进激流中。它们的行踪非常诡秘，目前科学家只知道这种水母分布在美国加利福尼亚州的蒙特利湾和墨西哥附近的海域中。但是关于该水母的生长周期和行为习惯依然是一个谜。

Part 5 水母有个大家族

海洋探秘系列 水母探秘

僧帽水母

僧帽水母最显著的特征是有着漂亮的蓝色浮囊。浮囊底平,两头尖,形状像僧人的帽子,这是其得名的原因。

形态特征

僧帽水母个体由伞部和口腕两部分构成。伞状体呈球形或扁平圆盘形,腹面有口,分布着大量小触手的口腕悬于下方。触手最长达数十米,上面布有大量的刺丝囊和可以分泌消化酸的腺细胞。触手接触到物体时会马上缩回来,将物体卷起来,发射刺丝进行袭击。僧帽水母用口碗吸口附近的小触手来捕捉猎物。

僧帽水母的踪迹

僧帽水母喜欢聚集在一起,并分布在世界各地的海洋中。如果站在船上,向下看去,一个又一个透明的浮囊随着水流漂浮,在太阳光之下,它们那蓝紫色的又长又柔的触手如同一条条漂亮的绸带。

僧帽水母的特点

僧帽水母是管水母中最具代表性的水母，它的浮囊与我国古代僧人的帽子十分相像。如果细细地观察，我们就能看到这顶漂浮的"僧帽"是大量的个体（水母体和水螅体）的结合体。

在西方人的眼中，僧帽水母又像16世纪的葡萄牙战舰，因此将它称为葡萄牙战舰水母。19世纪，博物学家们曾热烈地讨论过僧帽水母，从演化史方面来说，它们是一个群体，但从功能而言，它们更像一个个体，是一个整体里的不同器官。

僧帽水母的毒素

僧帽水母虽然有迷人的外表，但它们的触手上布满大量含毒的刺细胞，其危险的程度和迷人的程度相当。数十条触手上的上万个刺细胞能够分泌致命的毒素，足以麻痹一大群鱼。僧帽水母的毒性之强不亚于眼镜蛇。

危险的僧帽水母

如果游泳者被僧帽水母蜇到，首先会产生剧烈的疼痛感，皮肤上会出现红色的像鞭子抽打的痕迹，通常2~3天才会消散。其毒素会侵入淋巴结，让人产生过敏、发热、呼吸困难等反应，有时会干扰人的心肺功能，哪怕是一个健康的人，如果被蜇，严重的会在短时间内丧命。僧帽水母的触手很长，当游泳者看到它们时，其实已经晚了。

107

Part 5 水母有个大家族

海洋探秘系列 水母探秘

博奈尔岛条纹箱水母

箱水母中有一个新物种，它就是博奈尔岛条纹箱水母。这种水母有又长又扁、犹如绦虫般的触手，它们的"眼睛"构造也很复杂。与其他箱水母一样，它的毒性也很大。

新的物种

博奈尔岛条纹箱水母是一个新的物种，它是一种被一位来自美国佛罗里达州的高中老师在加勒比海博奈尔岛附近海域发现的大型、危险的箱水母。这位老师经多方观察后确定这是一个新的物种，然后将自己汇集的这种未知箱水母50次出现的地点记录报告给了美国华盛顿特区的史密森学会，科学家们立刻就被它迷住了。

奇闻逸事

从1989年以来，已经确认的博奈尔岛条纹箱水母蜇人事件大约有70起，其中，45起发生在博奈尔岛水域中，其余的发生在墨西哥、圣文森特、库拉索岛、洪都拉斯、圣卢西亚等地。

外形特点

博奈尔岛条纹箱水母的伞状体呈箱子形状，高达 15 厘米，有 4 条长且扁平的触手，如同绦虫般。博奈尔岛条纹箱水母的"眼睛"构造极为复杂，有助于提高它们躲避障碍的能力。与其他箱水母一样，这种水母毒性大，但并不是剧毒，除了观察到它们通常在白天觅食外，人们对其了解很少。

难以命名

由于博奈尔岛条纹箱水母游动的速度很快，并且喜欢"独来独往"，人们很难收集到这种水母。它们以小型甲壳动物和鱼类为食。在为这个新物种寻找名字时，科学家们采取了大众在线参与的方式，最后这个物种被取名为"ohboya"，音译为"噢，天啊"，可以想象到这个新的物种带给人们怎样的心理震撼了。

海洋探秘系列 水母探秘

Part 5 水母有个大家族

紫色绳状水母

紫色绳状水母的伞状体边缘为紫色，身体呈球形，喜欢在沿海浅水域活动。

紫色绳状水母

紫色绳状水母又称为丝胄水母，是一种罕见的水母，呈紫色或黄褐色半球状。它们的伞状体直径为10厘米，上面分布着纵向的条纹，有8只绳状的口腕，长约为身体的两倍。地域不同，这种水母的颜色就不同。在印度尼西亚的水域中，该水母是黄褐色的，伞状体边缘为紫色；在日本附近海域则为紫色的。它们广泛分布在印度尼西亚、澳大利亚、菲律宾、日本和帕劳等地。通常在沿海浅水域活动，常常被海流带到海边或内湾。

共栖关系

紫色绳状水母有一种名叫竹荚鱼的小伙伴，二者是共栖关系。当危险来临时，竹荚鱼会快速藏在紫色绳状水母的伞状体内，紫色绳状水母受到触动后会将伞状体收缩起来，将竹荚鱼包裹在内。在紫色绳状水母的帮助下，竹荚鱼就能躲过危险了。

首次被发现

  2014年夏季的某一天，人们在澳大利亚的一个人气很旺的海滩发现了紫色绳状水母。它被海浪冲上岸边，身体呈鲜艳的紫色，如同霓虹灯般明亮。伞状体直径大约为30厘米，还有4条像绳子般的细长的口腕。

海洋万花筒

  水母会变色吗？答案是不会。不过有些水母身体内含有特殊的腺体，能产生微弱的生物电流，而且水母本身是透明的，能在外面看见电流，所以它们会发光。

Part 5 水母有个大家族

海洋探秘系列 水母探秘

绿叶水母

　　绿叶水母是一种比较神奇的动物,从远处观察,它的形状像一片叶子,即便是仔细观察也与叶子没有太大的区别。说它神奇,是因为绿叶水母从海藻中窃取叶绿体后,不仅将其用于光合作用,以产生维持其活动所必需的碳水化合物和脂肪,而且还将海藻的基因与它身体内的染色体结合形成新基因。这种结合了藻类基因和原始绿叶水母基因的新型基因,不仅可以存在于绿叶水母体内,而且还能够修复叶绿体的基因。

　　绿叶水母并非天生就是绿色的,其幼虫的身体是红棕色的。当幼虫成年后,它们才能找到藻类食用基因,然后身体逐渐变成绿色。绿叶水母吃了海藻后,把海藻的基因留在自己的身体里,并把海藻的基因与自身基因融合,这就是绿叶水母能进行光合作用的原因。绿叶水母的这种神奇能力在其他物种中罕见。

银币水母

银币水母的身体呈鲜艳的青蓝色，因形似银币而得名。银币水母在海水中生活时，水母浮囊体呈鲜艳的青蓝色。近距离观察，会发现银币水母的浮囊体由几十个细的同心环和几十条放射肋组成。

银币水母主要分布在温暖的热带和亚热带太平洋、大西洋和印度洋，以及地中海和阿拉伯海东部。中国东南沿海也有分布。银币水母以浮游生物、桡足类和甲壳类幼虫为食。它们并没有游泳的能力，只能随着温暖的海流在大海上漂流，所以也被渔民当作"暖流指示种"。在福建南部，渔民会把银币水母称为"鳀镜"，用它们当作鳀鳁鱼夏汛的黑潮指标，从而十分准确地预测出鳀鳁鱼夏汛的到来。

Part 5 水母有个大家族

海洋探秘系列 水母探秘

夜光游水母

　　夜光游水母是一种具有很强发光能力的水母。它的体型并不大，成体伞状体的直径也只有3～12厘米，伞体宽可达65厘米，伞缘有16个缘瓣。有8条触手和8个感觉器，触手与感觉器相间排列。

　　夜光游水母像一盏水晶做的宫灯，加上醒目的彩色点缀，在白天的海洋中十分引人注目。在夜晚，夜光游水母能产生人类可见的弱光。当水波或船舶运动产生的湍流刺激夜光游水母时，光以闪光的形式发射，闪烁的持续时间相对较短，并逐渐消失夜光游水母之所以有很强的发光能力，是由于它们的生殖腺具有发光蛋白酶

地中海的恶霸

　　夜光游水母虽然身体很小,但是它们却在地中海叱咤风云。夜光游水母身上的刺细胞蜇在人的身体上后,会让人难受好一阵子,它虽然不像箱水母那样会释放致命的毒素,但是也可能会引起头晕、呕吐和腹泻等症状。还有可能在数年后突然复发皮肤病,伤口处会留下疤痕或色素沉着,甚至会保留多年。

　　夜光游水母之所以能够在地中海中叱咤风云,并不单单依靠它的毒性,还有对当地经济的影响。当大量的夜光游水母被冲上岸时,海岸上满满的水母会阻塞渔民想要收回的渔网。许多到海边游玩的游客看到这样吓人的场景也会望而却步。

奇闻逸事

　　夜光游水母可以称为"鲑鱼杀手"。据英国广播公司(BBC)的报道,拥有小巧玲珑身体的夜光游水母能够自由地穿梭于养鲑鱼的鱼笼中,它们会对鲑鱼展开疯狂的杀戮。

海洋探秘系列 水母探秘

Part 5 水母有个大家族

伊鲁坎吉水母

伊鲁坎吉水母是箱水母目中的一种有剧毒的水母,其身体呈顶针状至管状,钟状体高1～50厘米,有4条触手,触手长约1米,每条触手上都分布着大量的刺细胞,刺细胞呈带状排列。它主要分布在滨海浅水区、热带礁区和岛屿附近海域。

海洋万花筒

每年都有数百万名喜欢岛屿、沙滩的旅游者前往大堡礁、佛罗里达、夏威夷、加勒比海等温暖舒适的热带和亚热带海滩度假。但这里潜藏着人类看不见的危险,即一种有毒的水母——伊鲁坎吉水母在这里活动着。

伊鲁坎吉水母的毒性

伊鲁坎吉水母的毒性很大，它是全球毒性最大的水母之一。其体内蕴含毒素的毒性远大于眼镜蛇，如果被它们蜇到，在刚开始只会感觉到轻微的刺痛，有时甚至会没有感觉，但在 5～40 分钟后，一系列症状就会出现，后腰会感觉到剧烈疼痛、呼吸急促、出汗，并开始抽搐，感觉有东西在身上爬过、咳嗽，甚至产生濒临死亡的感觉，会出现肺水肿、中风或者心力衰竭的情况。这些症状被称为伊鲁坎吉症候群。

奇闻逸事

人类发现的第一只伊鲁坎吉水母的身体只有 1 厘米长，4 条触手却长达 100 厘米，是体长的 100 倍，细得像蜘蛛吐的丝。伊鲁坎吉症候群出现后的一段时间内，科学家都没有找出伊鲁坎吉水母成群结队出现在澳大利亚海滩沿线的规律。直到 2012 年，人们才发现信风的下沉导致了这种水母的大量出现。

Part 5 水母有个大家族

海洋探秘系列 水母探秘

澳洲斑点水母

澳洲斑点水母属于根口水母目，是一种大型水母，钟状体直径达50厘米，有8只带褶边的口腕，每只口腕处有一根小棒。这种水母常常生活在浅海区的光合作用带，能够进行光合作用。

生活习性

澳洲斑点水母吃海月水母、丰年虾、磷虾和藻类，同时会被巨型煎蛋水母吃掉，所以也进化出了更多的防御功能，如白色的斑点上带有刺细胞，捕食时会伸长拖在身后的触手。澳洲斑点水母只有约3个月的生命，主要分布在大澳大利亚湾、大分水岭沿海、新西兰双岛沿海和大堡礁。

开动脑筋

1. 如果不小心被伊鲁坎吉水母蜇到，会出现什么症状？
2. 气囊水母有什么样的特点？
3. 澳洲斑点水母在不同的海域，身体的颜色有什么特点？

颜色的变化

在澳大利亚西南部，澳洲斑点水母呈深橄榄棕色，夹杂着白色的斑点。棕色是来自其共生藻类的颜色，这些藻类能进行光合作用，为水母提供碳水化合物，满足其一大部分能量的需求。但入侵到墨西哥的澳洲斑点水母由于没有这些共生藻类，所以身体呈浅蓝色或浅白色。这些入侵到墨西哥的澳洲斑点水母必须从海水中捕获浮游生物，这给当地的生态系统带来了一定的压力。

奇闻逸事

2000 年，墨西哥沿岸的渔民发现了一个陌生的物种，它们体型巨大，并且有十分醒目的配色，白色的身体上有明亮的斑点。科学家们很快认出它们是澳洲斑点水母，原产于澳大利亚西南部。

参考答案
1. 会出现肌肉酸痛、恶心、呕吐等症状。
2. 有一圆锥形的鳔状气囊。
3. 澳洲斑点水母在澳大利亚西南部海域，身体呈深橄榄棕色；当在墨西哥海域，身体呈浅蓝色或浅白色。

119

Part 6
人类与水母的关系

随着人类走近海洋，水母家族的神秘面纱逐渐被揭开，人类了解到了更多的水母种类，对很多人来说，它们不过是一堆黏糊糊的东西；对一部分人来说，它们是可口的美味；对少数人来说，它们美丽而令人着迷。人类和水母之间的距离也拉近了，相关的水母知识与产业，也被更多的人了解。

Part 6 人类与水母的关系

水母化石

说到化石，人们一定会马上联想到恐龙化石和其他各种动植物的化石，在人们的印象中，化石一般都是巨大而沉重的，很难想象水母也可以留下化石。水母化石不会像骨头那样留下自身，相反，它们会留下像脚印一样浅浅的印记。能成为化石的物体通常都会留些自己身体的一些特征。水母也是一样，对水母来说，辐射对称性是一个强有力的证据，因为有时候口或生殖器官会变成化石；同心对称性也是一个证据。偶尔在超精细的沉积结构中，人们发现了水母的触手或者栉板带化石。

前寒武纪的水母

已知最早的水母化石出自大约5.85亿年前的前寒武纪最后一个时期的埃迪卡拉纪，地点是在澳大利亚的埃迪卡拉山。在这之后，人类陆续在俄罗斯白海沿线、纽芬兰的海滨断崖及纳米比亚的山区发现了类似的化石。当1946年埃迪卡拉化石被发现时，它们中有部分一开始就被解读为水母，后来被重新解读为其他形式的生命。

海洋万花筒

水母是没有意识的。因为它们没有脑袋和心脏，它们主要通过神经系统来控制肌肉进行活动，也就是说，它们只能受神经冲动的支配，不能进行思考。

海洋万花筒

世界上有些地方认为水母是一种美味的食物，如马来西亚每年会吃掉几百吨水母。大部分水母由于有毒，是不能吃的，但海蜇和海月水母被认为肉质鲜美、营养价值高，可以食用。

Part 6 人类与水母的关系

海洋探秘系列 水母探秘

寒武纪的水母

早寒武纪突然间就结束了,然后就是进化中的一次"大爆炸",也就是寒武纪生物大爆发。当进入晚寒武纪,大量水母在如今的美国威斯康星州的砂岩层中搁浅,水母化石由此形成。20世纪80年代,古生物学家在中国云南省发现了澄江泥页岩地层,这个地层大约形成于早寒武纪到中寒武纪之间的一个时期。人类在这个非凡的化石遗址中挖掘到了十分精细的软体动物化石,其中包括3块栉水母化石。

水母化石的细节

寒武纪生物大爆发2亿多年以后,箱水母和其他软体动物开始出现在细腻的铁矿石沉积结构中,并形成了化石。位于现今的美国伊利诺伊州北部的马荣溪地层含有的物种来自大约3亿年前的石炭纪的中宾夕法尼亚世。这些水母体在形成化石时保留了许多精致的细节,如果它们现在还活着,和其他水母无异。

晚拉丁期的水母化石

西班牙东北部加泰罗尼亚地区有一处保存完好的化石遗址，即Montral-Alcover地层。它来自大约2.35亿年前的中三叠世至晚三叠世的晚拉丁期。这里发现了两个和今天的水螅纲水母十分相似的物种的化石，其中1/3的水母物种已经不复存在。

变化很小

人们在因始祖鸟而闻名的德国巴伐利亚州的索伦霍芬地层中发现了几个水母物种的化石，包括与今天的鲸脂水母相似的大型水母的化石。这些水母大约是在1.55亿年前的晚侏罗世时期被掩埋起来的。有意思的是，水母化石中的水母形态都和生活在今天的水母物种几乎没有什么区别，这说明水母作为一个成功的物种，在将近6亿年的时间里都没有发生太大的变化。

Part 6 人类与水母的关系

海洋探秘系列 水母探秘

搁浅在威斯康星州的化石

人们曾在美国威斯康星州中部的采石场发现了一些水母化石，它们不是简单的几只水母，而是一大片平整砂岩上石化的隆起。它们都是在古代被冲上沙滩并葬身在此的水母。这些水母化石大约可以追溯到5.1亿年前。

海洋万花筒

科学家们解读和研究化石，并不是一件容易的事。人们曾经发现过一块化石，这块化石很少见，品相也比较奇特，让人们觉得很惊奇。可问题是，这究竟是谁的化石呢？科学家们无法得知这个问题的答案，只知道这块化石具有水母和海面的共同特征。

1.澳大利亚的兰福卡拉
2.银币水母
3.约5.1亿年前

兰福化石

对于一些水母化石的起源,人类也说不清,例如,来自澳大利亚西部的星状化石,人们在兰福发现了它们,这里有著名的条带岩石,这是一种给人们留下深刻印象的沉积岩石。这些沉积岩石中有许多碟状印迹,呈辐射状,一些科学家们认为它们是银币水母化石。这些化石来自前寒武纪的一个冰川时代,名叫成冰系。

海洋万花筒

冰川时代,即冰期,指地球天气极度寒冷,高纬度地方的广阔区域为大陆冰川所覆盖的时期。这种变化的原因尚不确定,但经历的时间很长,主要包括寒武纪、石炭—二叠纪、第四纪大冰期。

开动脑筋

1.人类最早在哪里发现了水母化石?
2.古生物学家在中国云南省的澄江泥页岩地层里发现了什么水母化石?
3.搁浅在威斯康星州的水母化石大约可以追溯到多少年前?

海洋探秘系列 水母探秘

Part 6 人类与水母的关系

人类和水母

水母作为海洋中比较底层、数量巨大的无脊椎动物，它们对人类有好也有坏，有些有毒的水母会让人痛苦地失去生命；有些水母，如海蜇之类的，具有很高的营养价值，吃起来口感也很不错，很受人们的欢迎；有些水母还可以入药，具有不错的医疗价值。有些地方的渔民会根据水母的品种和密度来预测鱼汛期。这些都是水母对人类的直接作用。

水母的间接作用

通过水母，人类间接地受到一些启发，发明了很多有益的东西，例如，根据水母游动的特点发明了水母机器人，它比鱼形机器人更灵活、游速更快；根据水母的外形，制作出仿真水母，有精美可爱的造型，还有灯光和音乐，放在水族箱或者小朋友的手中，是不是很漂亮？虽然水母对人类来说有很多值得研究的地方，但如果数量过大，没有天敌的制约，它们对人类来说也是一种"灾难"。

水母暴发

水母暴发是指水母在特定季节、特定海域内数量剧增的现象。水母的数量迅猛增加以后,水母们会涌入海滩,用它们的毒刺蜇伤人类。水母也可能侵入三文鱼的养殖场里,夺走三文鱼的食物和生存空间。水母太多了,还可能吓跑鲨鱼和鲸,把人们的渔船掀翻。大量水母聚集,甚至有可能堵塞发电厂的冷却设施,使核电站被迫关闭。

海洋探秘系列 水母探秘

Part 6 人类与水母的关系

渔业发展

　　人类和水母的关系主要表现在海洋渔业上。除了海蜇等几种大型钵水母是渔业直接捕捞生产的对象外，水母与其他的海洋生物之间的关系，对维持生态平衡有极其重要的作用。

　　目前，我国是世界上极少数直接利用水母资源，采用定置网等传统捕捞方法与符合科学原理的加工方法，捕捞、加工海蜇等几种大型钵水母为食品的主要产销国。我国的水母主产区在沿海一带，一般产量都很高，产品主要销售到以日本为主的国际市场。

　　水母的水平分布与海流、气象有密切的关系，某些水母可以作为海流的指向标。例如，福建渔民曾经就利用太平洋银币水母作为一种经济鱼类的夏汛指示标，如果海面情况正常，在出现太平洋银币水母后的 10 天之内必会出现这种经济鱼类，这对探索鱼群位置、指导渔业发展有很重要的意义。

　　经过调查发现，海蜇的多少与其他鱼虾的产量成反比，渔民认为，海蜇的分泌物导致了海水水质的变化，让海水变得发臭，对鱼虾有害，从而起到了驱赶鱼虾的作用。

水母的危险性

水母的刺细胞能够释放毒素，对人类有很大的危害。例如，被僧帽水母的毒素刺入身体，会导致严重的后果，甚至死亡。海南省三亚市就发生过几例游泳者和潜水员被水母蜇伤后身亡的事故。

海洋万花筒

人们到海边游玩时，要防止被水母蜇伤。如果大家来到一片陌生的海域，可以先问问当地人或者商户，这片海域是否有水母出没，是否发生过水母伤人的事件。大家也可以先朝海滩上看看，是否树立着"本海域有水母"的提示标识。人们也可以看看海面上是否设立了水母安全网。

Part 6 人类与水母的关系

栉水母是人类的"祖先"

根据英国的《每日邮报》报道,长时间以来,科学家认为人类的祖先是海绵,但最新的基因研究表明,栉水母可能才是人类进化的始祖。研究人员经过研究后发现,栉水母与全球其他动物种类存在亲缘关系,并认为栉水母是人类最早的祖先物种之一。

这项研究由美国迈阿密大学和美国国家人类基因组研究所的科学家们共同负责。他们希望可以建立完整的栉水母基因组序列。在研究的过程中,他们对一种特殊的栉水母,即生活在大西洋中的"海核桃"进行了研究。他们先是绘制了"海核桃"的基因图,发现了其DNA与其他动物相同,从而得出了它们可能是"物种始祖"的结论。他们将研究成果发表在《科学》杂志上,并表明栉水母具有一切其他物种的基因序列,可能是生物进化树最早的分支。

研究成果的重要作用

"栉水母是人类的'祖先'"这项研究将对一切动物形成肌肉和神经系统的理论产生影响。科学家认为,人类最早的祖先是海绵,但它们既没有肌肉,也没有神经系统。这种理论的前提是假定其他动物随着时间的流逝而进化出这些特征。但是,如果说栉水母是人类的祖先,则说明它们在进化的过程中丢失了肌肉和神经系统。美国国家人类基因组研究所的安迪·巴谢瓦尼斯博士认为,就基因组学观点来说,栉水母的基因组数据十分重要,它们让我们认识到早期物种的身体结构特征。

开动脑筋

1. 水母对人类有什么好处?
2. 哪个种类的水母毒素最强?
3. 栉水母真的会是人类的"祖先"吗?

参考答案:
1. 有些水母无毒素且味道鲜美,可以入药,还可以供养殖观赏和加工利用。
2. 澳大利亚箱形水母。
3. 目前科学家尚无明确结论。

Part 6 人 类 与 水 母 的 关 系

海洋探秘系列 水母探秘

过度捕捞

　　过度捕捞是指人类的捕鱼活动导致海洋中生存的某种鱼类种群不足以繁殖并补充种群数量，它包括对鱼类每年补充种群的能力造成负面影响的任何一种捕捞方式。所以，尽管不少捕捞方式所捕获的渔获量在法律所限制的范围内，但依然给某些种群带来毁灭性的打击。

过度捕捞和水母之间的关系

科学家最近才开始理解鱼类和水母之间的生态平衡关系。在正常、健康的生态环境中，鱼类更占有优势，因为它们灵活机动，鱼类和水母是彼此的捕食者和竞争者。但是随着鱼类减少，给了水母发展的空间，它们能吃的东西变多了，繁殖得更快了，这导致鱼类的食物和生存空间不断减少。这就创造了一种有利于水母的正反馈循环。

想想就可怕，水母会吃鱼的幼体和幼体所需要的浮游生物，使鱼类没有了生存的空间，这会加剧鱼类的消亡，要知道全球有1亿多人以鱼类作为主要蛋白质来源。更多的鱼类是水产养殖的饲料、农业肥料，以及关节和脑部功能健康补品的重要成分。还有一些我们关心的物种也依赖鱼类，如鲸、海豚、海鸟和北极熊等。如果没有了鱼类，人们会面临怎样的危机？没有鱼吃，没有可观赏的鱼类，人类的生活是不是会变得单调了一些？要知道，大部分的水母是不能食用的，有些种类的水母还有剧毒。要是让你天天吃类似"铁板鱿鱼"的水母食物，你会不会心生厌恶，怀念吃鱼的感觉？

Part 6 人类与水母的关系

全球五大水母湖

世界上的"水母湖"实际上是地质环境非常特殊的海洋湖，它们主要分布在帕劳、印度尼西亚和越南的周边海域。大约在1.2万年前，海平面上升，海水通过地质裂缝开始逐渐充满盆地，形成了一个个小型内陆咸水湖，与外界海面完全隔绝。

湖中的大多数海洋生物都随着养分的消耗而消亡，只剩下了一些低等的、靠少量微生物就可以生存的海洋生物，水母就是其中之一。于是，这些有水母存在的海洋湖就被称为水母湖。

在五大水母湖中，帕劳水母湖比较著名。帕劳水母湖成名最早，水母数量最集中。在帕劳约70个海洋湖中，宣称全球唯一能看见无毒黄金水母的只有帕劳水母湖。湖中的水母为了追逐阳光或为共生藻类补充"肥料"，每天都会定时、定点地进行"大迁徙"，场面异常壮观。

除了著名的帕劳水母湖之外，还有四大热门水母湖。例如，菲律宾的索霍顿湾国家公园，这个潟湖的水底生活着大量的海胆，湖中还有数不清的庞大的无毒水母。岛上到处都是石灰岩洞和毫无污染的白色沙滩，内陆海洋湖边的红树林生态系统非常健康繁茂。

　　卡卡班岛是德拉旺群岛的一部分，这里的海洋湖泊也非常出名，众多的海洋物种在这里受到保护，其中最有名的就是无毒水母，而且这里拥有4种不同的水母。

　　米苏尔岛周围围绕着众多的珊瑚小岛和海洋湖，这里至少有3个无毒水母湖，但都比较隐蔽，需要经验丰富的当地向导带领前往。

　　苏拉威西岛四面环海，这里的马里恩湖也盛产水母，它们与帕劳的黄金水母的外形几乎一样，属于同一个种类的亚种，身上有少许白色斑点，体型比帕劳的黄金水母更大一些。

137

Part 6 人类与水母的关系

世界著名的水母馆

中国天津滨海新区著名的塘沽外滩河畔，有一座占地面积约15万平方米的建筑，那就是国家海洋博物馆。其中的水母馆里有数万只水母，品种多种多样。

在"未来水母馆"的展示区域，五颜六色的圆柱形展示缸有很强的空间感，配合悬挂的水母的发光造景，游客在这里能放松心情，感受美景。看水母的时候可以慢慢适应水母的节奏，让自己的心灵净化、平静，这或许可以称为"心灵的SPA"。

日本山形县鹤冈市的加茂水族馆拥有种类丰富的水母，展示的水母有 50 种以上。色彩缤纷的水母在水中悠闲地漂游，让人的内心仿佛也得到了治愈。这里有世界上最大的圆形水槽，其直径有 5 米、水量达 40 吨，里面约有 1 万只海月水母。在深蓝色的灯光下，悠然游动的水母的优美身姿令人百看不厌。

　　加茂水族馆内有一个"鱼匠餐厅"，餐厅以饮食教育为主题，为游客提供海鲜盖饭和套餐为主的限定菜品等，大多使用庄内海滨捕获的当地鲜鱼精心制作；水母水族馆还售卖特色水母拉面和水母冰淇淋，这些食物非常受游客欢迎。水母梦幻剧场还会举行"音乐晚会"，水母和音乐的配合呈现梦幻般的效果。

海洋探秘系列 水母探秘

Part 6 人类与水母的关系

世界水母日

每年的 11 月 3 日是世界水母日。水母是海洋中重要的浮游生物，它们已经在地球上生活了 5 亿多年。早在鱼龙和其他巨型爬虫类动物称霸海洋之前，水母就已经存在了。这种古老的多器官动物见证了侏罗纪时期的巨兽走向灭绝的历史，然而它们却仍在随洋流漂浮，如今几乎在所有海域都能看到它们的身影。

140

在世界水母日这天，会有许多游客前往帕劳水母湖游玩，潜水员也会潜入海里，与水母做一次近距离的互动。水母那令人惊叹的美丽，会让人们感受到它们的迷人魅力。在帕劳水母湖，成千上万只黄金水母一起追逐阳光，在湖区展现梦幻般的场景。在经过数千年的隔绝生活后，帕劳水母湖里的水母已经进化到不再蜇人，它们从共生藻类中获得能量。因此，它们成为人们眼中最具魅力的海洋精灵。

Part 6 人类与水母的关系

水母食谱

水母的种类很多，其中的海月水母和海蜇可以食用。其他种类的水母通常都具有一定的毒性，食用后会出现中毒反应。据《本草纲目》所述，海蜇有清热解毒、化痰软坚、降压消肿等功能，对气管炎、高血压、胃溃疡、哮喘等有一定的疗效。

▲ 刺身海蜇裙边

▲ 凉拌海蜇

▲ 金瓜拌海蜇

▼ 萝卜丝拌海蜇

▲ 海蜇馄饨

▲ 老醋海蜇

▲ 葱爆海蜇

▼ 糖醋海蜇

▼ 海蜇马蹄萝卜汤

143

Part 6 人类与水母的关系

环境变化的影响

气候变化是指气候平均值和气候离差值出现了统计意义上的显著变化。简单地说，天气是发生的事情，而气候是我们期望发生的事情。目前，气候变化主要包括全球气候变暖、臭氧层破坏，以及酸雨等。其中，全球气候变暖是人类最关心的问题。

气候变化和水母的关系

当全球气候变暖时，温暖的海水会让水母新陈代谢的速度加快，使它们生长得更快，吃得更多，繁殖速度加快，并且寿命更长。水母的大量繁殖反过来会使全球气候变暖现象加剧。它们的黏液和溶解在水中的有机物质会把一类细菌吸引过来，这种细菌会将水母身上的能量转化为二氧化碳。因此，水母的一生，特别是死亡的时候，都会产生大量的二氧化碳。

海洋酸化

海洋酸化是指海水从空气中吸收二氧化碳，导致酸碱度降低的现象。我们一般用 pH 值来表示酸碱度。pH 值为 0 时，代表着酸性最强，pH 值为 14 时，代表着碱性最强。通常情况下，海水为弱碱性，其表层水的 pH 值大约为 8.2。海洋就如同一块巨大的海绵，当从空气中吸收过量的二氧化碳时就会酸化。酸化后的海水的化学性质发生了变化，并且其 pH 值会变得越来越低。

海洋酸化和水母的关系

研究人员发现，在水母的生理活动中，最容易受到海洋酸化影响的好像是平衡性。许多类型的水母都会有一枚或者数量众多的平衡石。模拟实验表明，海洋酸化会影响平衡石，导致水母进行不规律地游动。当水母也无法承受海洋酸化带来的后果时，其他物种早就在极度糟糕的环境中挣扎了很久。

145

Part 6 人类与水母的关系

海洋探秘系列 水母探秘

化学污染

全世界已经合成了1000多万种化学物质，每年有1000多种化学物质新登记注册并被投入市场。这些化学品提高了生产力、推动了社会的进步、方便了人类的生活。但在生产、运输、使用和废弃的过程中不可避免地进入环境中，造成了化学污染。如今，成千上万种具有潜在危险的化学物质出现在我们的食物、饮用水和呼吸的空气中。

化学污染对水母的影响

　　水母属于少数不会受到化学污染的生物。许多类型的化学物质对它们都无法产生毒害,因为它们的寿命很短,发展不出癌症或其他慢性疾病。此外,它们的身体结构也排除了疾病的可能。影响人类和动物的骨骼、脑细胞或肝的癌症不会影响水母,因为水母没有这些器官。

　　水母的生物学特性将化学污染对它们的影响降到最小,从而最大化了化学污染的总体生态危害,让其他物种更难以从受到损害的状态中恢复。在某种情况下,当鱼类和其他物种受到化学物质的毒性危害之后,水母可能会成为最后一批幸存下来的物种之一。

Part 6 人类与水母的关系

海洋探秘系列 水母探秘

富营养化

富营养化是一种氮、磷等植物营养物质含量过多而引起的水质污染现象。这些养分通常是植物营养物质，或者是生活污水的分解产物，所以，富营养化是指水里出现了过多的肥料，导致水生生物，尤其是藻类大量繁殖，使生物的种类和数量都发生了改变，从而破坏了水体的生态平衡。

富营养化和水母的关系

富营养化会导致水体，特别是底层水体中所溶解的氧的浓度下降，同时改变水母的食物数量和食物种类等。

在富营养化的水体中，水母的种类，即物种多样性会降低，但是一些能够适应这种水体的水母数量将增加，不少水母都能够通过避开缺氧层而生存下来，这是由于在富营养化水体表层所溶解的氧含量同样很高。水母会停留在拥有大量浮游生物的死亡区的上方，来捕获小型生物。

在这些营养过剩的水域，高密度的浮游生物使海水的能见度降低，但水母作为一种策略性的捕食者，受到的影响很小。

成为顶级捕食者

和大多数的其他动物相比，水母有令人吃惊的低氧气消耗速度，并且它们能够储存氧气，这是因为其体内存在一种凝胶状的组织。如此一来，它们就可以下降到无氧或者氧气不足的水域。

在很多水域的死亡区的上方，水母已经成为绝对的顶级捕食者，导致鱼类更无容身之地。这些水母统治了整个水域，任何进入这个区域的生物都会成为它们的猎物。

海洋探秘

深海探秘 SHENHAI TANMI	企鹅探秘 QI'E TANMI	水母探秘 SHUIMU TANMI	台风探秘 TAIFENG TANMI	鲨鱼探秘 SHAYU TANMI
潜水探秘 QIANSHUI TANMI	极地探秘 JIDI TANMI	章鱼探秘 ZHANGYU TANMI	观赏鱼探秘 GUANSHANGYU TANMI	鲸探秘 JING TANMI